圖解

An Illustrated Guide to Earth and Space Sciences

宇宙地球科學

絵でわかる 宇宙地球科學

我們即將飛向太空，穿越空間與時間，
認識孕育萬物的浩瀚宇宙！

寺田健太郎 著　**蔡婷朱** 譯

U0005236

前言

我們從哪裡來？   *Where Do We Come From?*

我們是什麼？   *What Are We?*

我們要往哪裡去？   *Where Are We Going?*

這是法國畫家高更（Paul Gauguin）知名畫作的標題。無論從哲學、文學還是藝術角度，已經有非常多人思考過這個「問題」。各位心中是否也曾有過這樣的疑問？

以實驗、觀測、分析、理論的最新見解，針對這個「探討人類根源的疑問」，站在科學觀點思考的學問範疇，即是本書要介紹的宇宙地球科學。本書會先探討廣闊稀薄的宇宙中，「藍色地球」是否只是顆不足為奇的星球，接著聚焦宇宙物質演化的必然性及偶然性。若能理解時經138億年，物質演化躍動的本質為何，應該就能窺見地球的未來。

本書是筆者從公開演講、大學或碩士生課堂內容中，精選出有關宇宙地球科學的部分，並彙整成15個章節。這些內容不僅讓許多聽者享受到最先端研究的臨場感，裡頭更隨處可見刊載於 Nature、Science 等期刊尚未定論的最新見解。書末也列出了論文出處，歡迎有興趣深究的讀者自行運用。

接著，就讓我們一起尋找「我們從哪裡來？我們要往哪裡去？」的答案吧。

2018年10月

看著「隼鳥2號」（Hayabusa 2）探測器送回小行星「龍宮」（Ryugu）未曾曝光的影像而感到興奮不已

寺田健太郎

圖解宇宙地球科學　目次

第1章 現代宇宙的容貌

我們居住的宇宙究竟是個什麼樣的世界？首先就來看看宇宙的整體容貌吧！

1.1 構成你我身體的元素

我們的身體肌肉、脂肪和骨骼是由碳（C）、氫（H）、氧（O）、氮（N）、鈣（Ca）、磷（P）等元素構成。不過綜觀整個宇宙，卻會發現基本上只存在氫（H）、氦（He）這兩種元素，其他元素頂多就占1%左右。還有，我們所居住的宇宙其實非常稀薄，以平均來說，每$1cm^3$只有1個氫原子，如果是碳和氧的話，$10cm×10cm×10cm$體積中，大概也只有1個原子而已。所以在宇宙裡，人類算是非常不一樣的存在。想要在廣大稀薄的外太空組成人類，勢必要很有效率地蒐集碳、氧等元素。

讓我們概算一下這究竟是多麼浩大的工程。以體重70kg的人類來說，身體的碳重約12.6kg，碳原子的質量為$12×1.6×10^{-27}kg$，所以大約需要10^{27}個碳原子。不過，外太空裡每10cm立方（1000 cm^3）頂多1個碳原子，如果要組成一個人，就必須蒐集10萬km立方（相當於1000個地球的體積！）的氣體，還要從裡面剔除主成分的氫和氦才行。既然我們真實存在，就表示過去曾發生過這種「極不合理」的情形（圖1.1）。

接著，我們再從其他角度了解一下組成人類的元素。圖1.2依序

圖1.1 如果要組成一個70kg重的人類……

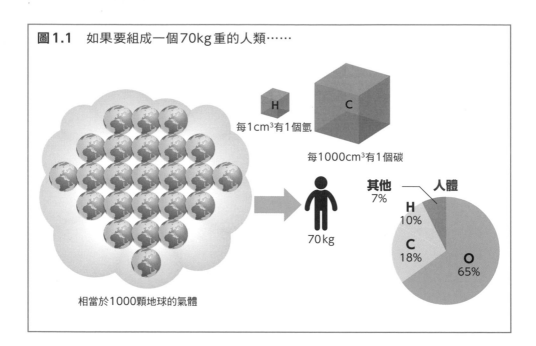

每1cm³有1個氫

每1000cm³有1個碳

70kg

相當於1000顆地球的氣體

其他 7%

人體

H 10%

C 18%

O 65%

圖1.2 構成太陽系、地殼、海水、人體的元素

即便元素種類多達90種，
但「海水」和「人體」含量最多的11種元素其實非常相似。

	太陽系	地殼	海水	人體
1	H	O	O	O
2	He	Si	H	C
3	O	Al	Cl	H
4	C	Fe	Na	N
5	N	Ca	Mg	Ca
6	Ne	Na	S	P
7	Si	K	Ca	K
8	Mg	Mg	K	S
9	Fe	Ti	Br	Na
10	Si	H	C	Cl
11	Al	P	Sr	Mg

改編自NHK BOOKS《什麼是生物元素？》

列出了構成太陽系、地殼、海水、人體的元素中，含量最多的11種元素。這時可以發現一件事，那就是構成人體的元素組合其實跟海水的成分極為相近。液體的「水」基本上具備高流動性，更是提升化學反應機率的溶劑，因此對生命而言極為重要。生物及海水的化學組成如此相似，或許可以聯想到地球初期生命的材料物質及誕生地點都與「海」有關。那麼，在宇宙裡，如同「海」一樣的地球誕生是否為相當普遍常見的過程呢？如果「水」行星的形成極為普遍，那麼宇宙裡應該會存在著像「地球」一樣不足為奇的星球，並且有著許多智慧生命體（也就是外星人）。反觀，如果地球的誕生是個奇蹟，那麼宇宙裡就沒有其他跟地球一樣的存在。本書將以「現今地球環境的形成究竟是偶然？還是必然？」為潛在主軸，說明元素歷時138億年的轉變（星系的**物質演化**）。

1.2 宇宙的階層構造

首先，一起來看看我們居住的世界有多大。各位想知道具體數字的話可以翻閱百科全書，但請先掌握一下大概的規模。在探討位數差異較大的數字時，用「大數」來處理會方便許多。舉例來說，世界最高峰聖母峰高度約為8800m（≒10km=10000m），而世界最深的深谷馬里亞納海溝深度約為10000m。兩者都有4個「0」，所以在數學上會用10^4m來表示。同樣地，直徑12800km的地球可以用約**10^7m**來表示，太陽系最大行星的木星（=143001km）則是**10^8m**，太陽（=1392000km）為**10^9m**，而太陽與地球的距離（=1億5千萬km）會是**10^{11}m**。只要用大數來顯示，就能看出究竟是地球的10倍、100倍，還是10000倍（大約是太陽直徑的100倍），更能體會到當中的差距（**圖1.3**）。

如果要說明太陽系內彼此的距離，那麼以太陽和地球的距離為基準會比較方便，於是有了「太陽與地球的距離＝1天文單位」的定義。而太陽與金星的距離為0.7天文單位，太陽與木星則為5.2天文

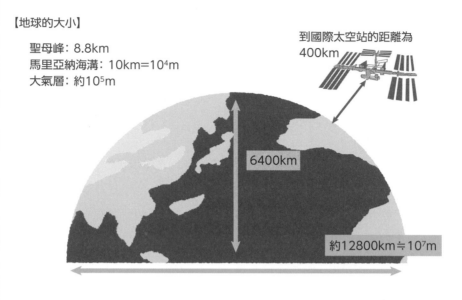

圖 1.3　比較太陽系的大小

【地球的大小】

聖母峰：8.8km
馬里亞納海溝：10km＝10^4m
大氣層：約10^5m

到國際太空站的距離為
400km

6400km

約12800km≒10^7m

【比較行星的大小】（直徑10^7m, 10^8m）

類地行星
（岩石行星）

類木行星
（氣態巨行星）

類海行星
（冰質巨行星）

太陽

水星　金星　地球　火星

木星

土星

天王星

海王星

單位。矮行星冥王星的繞行軌道直徑約為80天文單位，所以「過去認為的太陽系大小」可用10^{13}m，也就是100倍太陽—地球距離來表示。要具體定義「太陽系的盡頭在哪裡」很難，如果盡頭是指太陽磁層和銀河宇宙射線處於平衡狀態的日球層頂（Heliopause），那麼大約是距離太陽120～160天文單位的位置（**圖1.4**）。美國太空總署

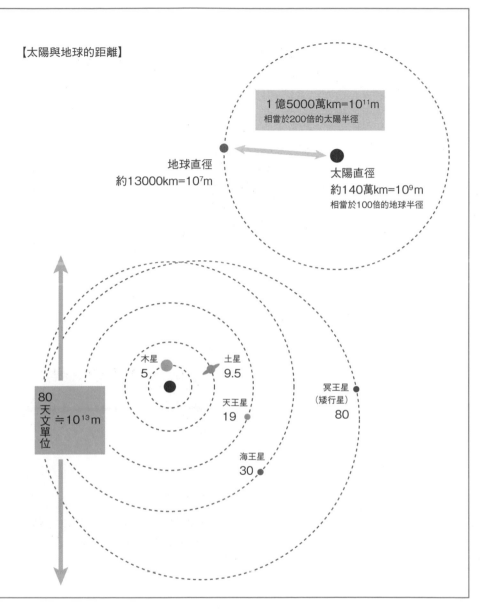

【太陽與地球的距離】

1 億5000萬km=10¹¹m
相當於200倍的太陽半徑

地球直徑
約13000km=10⁷m

太陽直徑
約140萬km=10⁹m
相當於100倍的地球半徑

80
天
文
單
位
≒10¹³m

木星
5

土星
9.5

天王星
19

冥王星
（矮行星）
80

海王星
30

（NASA）在2012年宣布，於1977年發射的人造探測器航海家1號（Voyager 1）成為第一個抵達日球層頂的人造物體〔Krimigis et al.（2013）〕。換算成直線距離的話，大約是以6萬km的時速，花費約35年才順利抵達。

在探討太陽系與其他天體間的距離時，以光前進1年的距離，也

圖 1.4　太陽磁層與航海家 1 號、2 號的位置

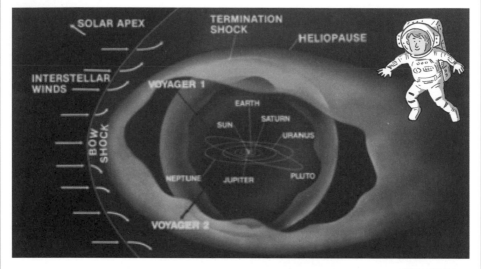

出處：NASA

圖 1.5　銀河系的容貌

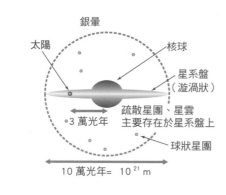

出處：NASA/JPL

就是**光年**為單位會比較方便（1 光年＝約 9.5 兆公里＝10^{16}m）。距離太陽系最近的恆星是三星系統的半人馬座 α 星（Alpha Centauri A），大約是 4.2 ～ 4.4 光年（＝4×10^{16}m＝26.5 萬天文單位）。近年，人們又在三星系統中最小的行星，也就是比鄰星系統（Proxima Centauri）發現了半徑為地球 1.3 倍的類地行星，並掌握到此行星可能存在水，因而備受關注（Anglada-Escudé et al. 2016）。

接著來看看我們居住的銀河系。我們的銀河系是由10^{11}個恆星組成的棒旋星系（這種形態的星系盤內會有個棒狀結構，螺旋臂則是從棒狀結構的兩端延伸出去），直徑相當於10萬光年（$=10^{21}$m）（**圖1.5**：太陽系的大小為10^{13}m，所以10^8倍＝1億倍！）。從側面看銀河系，會發現銀河系中間是膨起來的（核球），周圍則像是個圓盤。圓盤的上下方並非沒有星星，在名為銀暈的區域其實存在著約160個球狀星團（https://spider.seds.org/spider/MWGC/mwgc.html）。從恆星群的旋轉速度分布來看，一般認為裡頭應該存在著實際質量為恆星10倍的暗物質（Dark matter）。

我們所在的太陽系落在距離銀河中心約3萬光年的位置，並以每秒220km的速度移動。太陽系以這樣的速度繞銀河一圈需要2億年，所以單純計算的話，太陽系誕生至今已繞行至少20圈。

目前已知銀河系周圍800萬光年（10^{23}m）的範圍內，存在著約50個名為本星系群（Local Group）的星系。本星系群中最大的星系名為仙女座星系（Andromeda Galaxy，星表編號：M31），大約是我們銀河系的2倍大（直徑22～26萬光年），由1兆顆恆星組成。目前距離我們約250萬光年，並以110km的秒速接近中，預估40億年後會撞上地球（Cowen 2012）。

不過，這類星系並非遍布於整個外太空。根據澳洲天文台2dFGRS（Two-degree-Field Galaxy Redshift Survey）的結果，星系長得就像是一連串絲狀或片狀結構，但還是有不包含任何星系的區域（空洞，Void）。**圖1.6**是直徑60億光年的星系分布，當中一點一點的部分就是由數千億個恆星所組成的星系。

目前已知距離太陽系最遠的星系，是2016年透過哈伯太空望遠鏡觀測到的GN-z11，距離134億光年（Oesch et al. 2016）。宇宙的年齡為138億光年，由此可知宇宙誕生至少4億年後，星系就跟著誕生。從整個宇宙（100億光年＝10^{26}m）來看，由10^{11}個恆星組成的星系大約有$2×10^{11}$個（Conselice et al. 2016），就表示存在著10^{22}個如太陽般的恆星。但是，目前看見距離數十億光年的星系大約是距今

圖1.6　宇宙的大規模構造

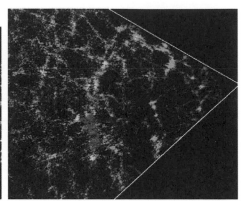

資料來源：理科年表HP

圖1.7　眺望遙遠的星星＝觀察過去的宇宙

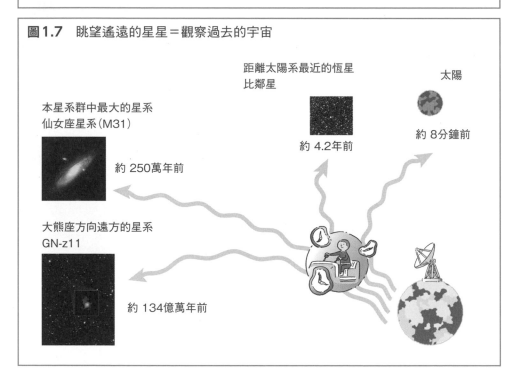

本星系群中最大的星系
仙女座星系（M31）

約 250萬年前

距離太陽系最近的恆星
比鄰星

約 4.2年前

太陽

約 8分鐘前

大熊座方向遠方的星系
GN-z11

約 134億萬年前

　　數十億年前的狀態，另外有些恆星群是現在已經不存在的。

　　大霹靂時，宇宙只有氫、氦以及極少量的鋰（Li），後來隨著恆星演化，才慢慢增加鋰以外的元素。以大型望遠鏡觀測遠方星系的光譜線，可以發現愈遠的星系（例如宇宙誕生初期的星系）含氧量愈

少。我們雖然沒辦法搭上時光機回到過去，但透過大型望遠鏡觀測遙遠的星系，還是能窺見宇宙的過去（**圖1.7**）。

1.3 宇宙膨脹

宇宙還有一個不能錯過的有趣特徵，那就是宇宙膨脹。20世紀初，天文學家艾德溫‧哈伯（Edwin Hubble）發現，離我們愈遠的星系，遠離的速度愈快（Hubble 1929），這意味著宇宙正在不斷膨脹。還有一項驚人的發現，那就是宇宙大約在102億年的時候，膨脹速度從原本的減速變為加速〔**圖1.8**：Riess et al（1998）；Perlmutter et al.（1999）〕。能夠驅趕宇宙加速膨脹的力量，則被稱為暗能量（Dark energy）。發現宇宙正在加速膨脹的索爾‧波麥特（Saul Perlmutter）、布萊恩‧施密特（Brian Schmidt）及亞當‧里斯（Adam Riess）3位教授更於2011年獲頒諾貝爾物理學獎。

不僅如此，我們又能從「星系旋轉曲線」及星系團的高溫氣體分布，明確得知宇宙存在著相當多肉眼無法看見的質量，也就是所謂的

圖1.8　宇宙膨脹

出處：NASA

「暗物質（Dark matter）」。根據最新觀測結果與理論分析，宇宙充斥著不知真面目為何的暗能量（68％）與暗物質（27％）。而我們所觀測到的世界，甚至不及整個宇宙的5％（https://sci.esa.int/web/planck/-/51557-planck-new-cosmic-recipe）。掌握占了宇宙95％的暗能量及暗物質究竟為何，成了現代科學的重要課題，但關於這個部分就先留給其他書籍去發揮，本書將針對「我們的世界」，也就是約5％的元素世界來深入探討。

第2章 構成太陽系的天體 1 ～太陽、行星、矮行星～

本章將針對太陽、行星、矮行星這些太陽系的主要成員作解說。

2.1 太陽

太陽因為內部的核融合反應會產生能量並發光，所以是太陽系中唯一的**恆星**（**圖2.1**）。也因為太陽幾乎占去了太陽系99.9％的質

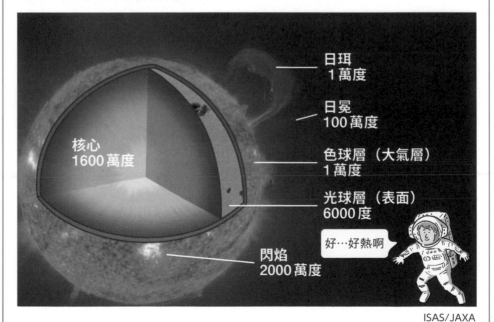

圖2.1　太陽的內部結構與溫度

日珥
1萬度

日冕
100萬度

色球層（大氣層）
1萬度

核心
1600萬度

光球層（表面）
6000度

好…好熱啊

閃焰
2000萬度

ISAS / JAXA

量，基本上可以形容「太陽系的組成物＝太陽的組成物」。太陽的主要成分是氫（H），約占90％，氦（He）則為9％，其他元素加總後也不過占整體的1～2％。

太陽直徑為140萬km，是地球的100倍。質量是地球的33萬倍，1.99×10^{30} kg（＝$1M_\odot$），表面溫度為5800K，在恆星中歸類為比較輕的星體（參照8.4節）。由於中心溫度可達1600萬度，所以存在核融合反應，能將4個氫原子結合成1個氦（$4 \,^1H \rightarrow \,^4He$）。兩者間的質量差 $\Delta m = 4m_氫 - m_氦$ 能形成 $\Delta E = \Delta m \cdot c^2$ 的能量，這也讓太陽的亮度達3.85×10^{26}瓦（＝3.85×10^{33} erg/sec）（這裡的 m 是指原子質量，c 是指光速3.0×10^8m/sec）。其實，站在物理學的角度，星體或燈泡的「亮度（單位：瓦）」都是指單位時間內釋放的能量（又稱為功率）。

我們可以計算多少的燃料會以怎樣的比例消耗，來得知星體的壽命。這裡就試著以占太陽質量約1成的氫，估算氫完全燃燒所需的時間。如果太陽百分之百由氫組成的話，那麼占太陽質量**約1成**的氫原子數可以用$0.1M_\odot / m_氫 = 0.1 \times (2 \times 10^{30}$ kg$/1.6 \times 10^{-27}$kg$)$來表示。$\Delta E = (4m_氫 - m_氦) \cdot c^2$是4個氫原子所形成的能量，那麼1個氫原子燃燒時產生的能量就必須把 ΔE 除以4。而太陽每秒會釋放3.9×10^{33}erg的能量到外太空，如果要消耗掉占太陽質量1成的氫原子，就可以根據下面算式，大約估算出需要100億年的時間。

$$壽命 = E_{10\%} / L = (0.1M_\odot / m_氫) \times (\Delta E / 4) \div L \propto M/L$$
$$= 0.1 \times (2 \times 10^{30}\text{kg}/1.6 \times 10^{-27}\text{kg}) \times$$
$$(4 \times 10^{-5}\text{erg}/4) \div (3.9 \times 10^{33}\text{erg/sec})$$
$$= 100億年 \tag{2.1}$$

這個時間也被稱為「太陽的壽命」。不過，為什麼氫氣燃燒不是百分之百，而只有1成呢？其實，「1成左右的氫氣」燃燒後，太陽中心的氫就會枯竭，燃燒氫的位置也會從星體「中心部」轉移到氦核

到微量的氫（H）、氦（He），以及鈉（Na）、鉀（Ka）與氧（O），目前推測氫和氦來自水星磁場捕捉到的太陽風粒子。至於鈉、鉀屬於高揮發性岩石成分，因此猜測是太陽輻射或微隕石撞擊後，導致水星表面岩石氣化所產生的成分。

因為水星沒有大氣層，少了大氣層的阻擋減速，隕石或流星體（meteoroid）會直接衝撞水星表面，使得水星到處都是撞擊坑。也因為水星沒有大氣循環降低有陽光和無陽光時的溫差，所以日夜溫差高達600度。這些特徵都和地球的衛星，也就是同樣沒有大氣層的月球非常相似。

2011年，NASA的信使號探測器（Messenger）首度飛進水星軌道，觀測到水星表面環境，也讓我們發現水星除了具備南極與北極帶有磁場的雙極磁場外，更存在著表面地形所形成的地殼磁場。正常來說，想要跟地球一樣本身具備磁場的話，行星內部必須存在溫差，讓物質能夠對流。但是像水星這樣的小行星內部其實已經冷到固化，照理說應該無法形成磁場。所以目前尚無法得知，為何水星本身會具備磁場。

日本宇宙航空研究開發機構（Japan Aerospace Exploration Agency；JAXA）與歐洲太空總署（European Space Agency；ESA）合作的水星探測太空船**「貝皮可倫坡號（BepiColombo）」**預計在2018年秋天發射升空（註：已於2018年10月20日順利升空）。期待能從各個面向與角度，綜合觀測水星的磁層、表層及內部，找出水星磁層的特性與起源。

金星

金星是太陽系的第二顆行星，以距離太陽0.7天文單位繞行，屬類地行星。因為金星是在地球內側的內行星，所以從地球看向太陽時，金星一定會出現在太陽仰角或俯角45度範圍內，又有「日落時最亮的星星（**宵之明星**）」及「**晨星**」之稱（**圖2.3**）。

金星的大小、質量、密度與地球極為相似，甚至可以說是地球的

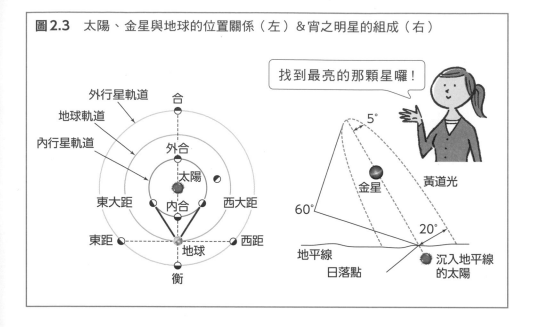

圖2.3　太陽、金星與地球的位置關係（左）&宵之明星的組成（右）

外行星軌道
地球軌道
內行星軌道

合
外合
太陽
東大距　內合　西大距
東距　　　　　西距
地球
衡

找到最亮的那顆星囉！

5°
金星
黃道光
60°
20°
地平線
日落點
沉入地平線
的太陽

「雙胞胎」。不過，金星的表面環境非常嚴苛，和地球一點也不像。
金星大氣層的主要成分是二氧化碳，並含有極少量的氮。大氣壓力非
常高，地表可以達約90大氣壓力（相當於地球水深900m）。這也使
得金星的溫室效應相當劇烈，表面溫度最高可達500℃。在金星雖然
看不見像地球一樣活躍的火山活動及板塊結構，但因為目前並未找到
5億年以前形成的撞擊坑，所以猜測金星在5億年前應該有經歷過橫
掃星球表面的大規模火山活動〔Nimmo and McKenzie（1998）〕。
2006年，ESA發射了快遞軌道衛星（Venus Express），掌握到金星
在250萬年前也有過火山活動〔Smrekar et al.（2010）〕。目前更發
現金星存在著815℃的熱泉〔Shalygin et al.（2015）〕。

　　金星最大的特徵，應該就是名為**超慢速自轉**（super-rotation）、
秒速達100m的強風了吧，其速度比金星自轉60倍還要快，但目前尚
無法得知為何金星大氣層的加速會比自轉速度快。

　　2016年4月，JAXA的探測衛星「破曉號」成功進入金星軌道，
開始對金星展開正式觀測。「破曉號」備有5台可以偵測不同波長的
攝像機，能精準觀測到不同的大氣波動。只要掌握金星大氣層的立體

波動，應該就能解開超慢速自轉這類過去氣象學角度無法解釋的金星大氣現象機制。作者執筆本書的2017年10月更不斷發現各種與金星有關的新知，如：中下雲層存在赤道噴流、穩定的金星大氣層形狀就跟新月一樣〔Horinouchi et al.（2017）；Fukuhara et al.（2017）〕。

地球

太陽系的第三顆行星，就是我們居住的地球。地球70％的表面覆蓋著海水，大氣的主要成分為氮與氧，地殼則可分成**大陸地殼**（花崗岩質）與**海洋地殼**（玄武岩質），有著比其他行星更多的獨特特徵。這些特徵其實都與液態「水」的存在有極大相關。不只是大氣裡的二氧化碳，還有其他許多溶質會溶於液態「水」，所以液態「水」是能帶來旺盛化學反應的媒介。另外，岩石一旦帶水分，熔點就會降低，使岩石具備流動性。也因為這樣，地球又被稱為「水」行星。

不過，「海洋」平均深度為3～4km，以質量來說僅占地球整體0.023％。就算集結地函岩石層的所有水分，也不過就0.1％（**圖2.4**），所以讓人很驚訝的是，這顆「水」行星竟然比「溼潤泥球」

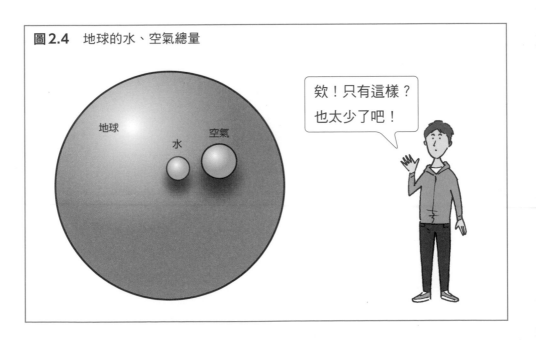

圖2.4　地球的水、空氣總量

地球
水
空氣

欸！只有這樣？
也太少了吧！

還要乾呢！站在行星科學角度來看，可以發現地球的水量算是非常恰到好處。水是保溫效果比二氧化碳還要好的**溫室效應氣體**，一旦地球的水太多，海洋溫度就會攀升，出現**失控溫室效應**，直到所有的海水蒸發。但是水太少的話，地球又會變得跟金星一樣，整體環境難以讓生命存活。

那麼，地球又是在什麼時候、以怎樣的方式獲得這「分量恰到好處」的水呢？有人認為，地球材質來源的微行星本身就含水。不過也有人提出地球在形成初期曾遭像彗星一樣含冰的天體撞擊，所以才會有水。想要解開這個謎團，就必須聚焦在構成水（H_2O）的成分，也就是氫（H）與氘（D：Deuterium）這2種元素的比例。與來自歐特雲（Oort Cloud）的彗星相比，地球上氫的同位素比（D/H比）似乎更接近小行星物質（**圖2.5**）。木星族彗星的D/H比與地球相近，因此曾被認為可能是地球水的起源。不過就在2015年ESA觀測了木星族彗星的楚留莫夫—格拉希門克彗星（Churyumov-Gerasimenko）

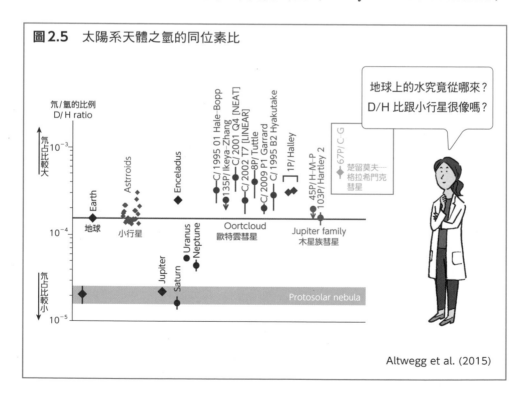

圖2.5　太陽系天體之氫的同位素比

Altwegg et al. (2015)

後，發現這顆彗星的D/H比與地球相異，才發現原來木星族彗星又可分成許多種類〔Altwegg et al.（2015）〕。於是，解開決定地球特徵的「水」起源之謎，便成了行星科學最重要的課題。

火星

太陽系第4顆行星的火星半徑大約只有地球一半，質量則是地球1/10，屬類地行星。大氣組成和金星一樣都是二氧化碳及氮，不過比較特別的是，火星的表面壓力很小，只有0.01大氣壓力。也因為如此低壓的環境，水無法維持液態，會直接從冰**昇華**成氣體。但1990年代起，人們透過多次的探查觀測，發現火星表面有許多水流形成的礫岩與大規模的沉積岩，能夠證實火星曾存在大量的水（**圖2.6**），由此也能推論，火星過去應屬溫暖溼潤的氣候。

Ojha et al.（2015）的資料更提到，透過繞行火星的遠端觀測可以發現，當季節變暖時，火星表面的大斜坡就會出現水流過的痕跡，於是推測火星地表下存在帶水層或冰，遭隕石撞擊或溫度變動時就會

圖2.6 火星探測器—機會號拍攝到的堅忍撞擊坑（Endurance Crater）

出處：NASA

非常大規模的條狀構造。
原來這裡過去曾是海底或湖底呢。

滲至地表。Dundas et al.（2018）也提到，觀測火星表面的大斜坡時，發現地底下數公尺處存在著厚度達數10公尺的冰層。現階段人們尚未直接觀測到火星上有液態水，但已經可以肯定的是，火星上曾短暫出現過液態水，接近地表處有著大規模冰層，所以就這幾點來看，就能推翻「火星是荒涼沙漠」的既有觀念。探究曾有過大量液態水的火星，是因為什麼樣的原因，在什麼時候變成現在的模樣，成了目前火星研究的最大課題。

木星

太陽系的第5顆行星—木星是當中最大的行星，主要成分為氫和氦，屬**氣態巨行星（類木行星）**。和類地行星不太一樣，我們其實還沒充分掌握木星的內部結構，但從計算模型來看，木星最中間有個以岩石為主體的高密度核心，周圍包覆著液態金屬氫和少量氦所組成的混合體，這層混合體之外還有個分子形態的氫層〔Fortney（2004）〕。

木星標誌的大紅斑是大氣中形成的高壓氣旋風暴，過去寬幅曾超過4萬km，比3顆地球還大，不過這個大紅斑一年比一年小，2014年時更縮到只剩1萬6500km。木星距離太陽遙遠，是個均溫為零下120℃的低溫世界，但近期發現，大紅斑上空800km範圍的溫度可達1300℃〔O'Donoghue et al.（2016）〕。目前推測應該是強烈氣旋帶來聲波，聲波傳至上空後拉高了大氣溫度。

另外，木星更有著比地球強10倍的磁場，所以經常出現極光。木星大氣的主成分為氫分子（H_2），當帶電粒子進入大氣層與氫分子碰撞，就會產生H_3^+離子並形成極光。除了這個**帶狀**極光，木星其實還存在著衛星作用所產生的**點狀**極光（**圖2.7**）。埃歐（Io，一般稱木衛一）是木星的衛星，它的活火山噴發氣體後，這些氣體會沿著木星磁場來到木星表面，並形成極光。

圖2.7 木星的極光（左）與產生原理

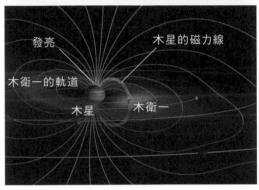

發亮
木星的磁力線
木衛一的軌道
木星　　木衛一

既有帶狀極光，
也有點狀極光呢。

出處：NASA

土星

　　土星是太陽系中排在木星之後的第二大**氣態巨行星（類木行星）**，有著很明顯的環狀結構以及看起來很像條狀的大氣層。在所有氣態行星中，土星的密度非常低（＜1g/cm³），甚至比水還低。自轉週期大約為10.7小時，赤道附近的自轉速度可達每秒10000m，且赤道區域也相對胖一些。包覆著土星的外圍大氣層約有96％是氫分子，以及3％左右的氦元素，和太陽、木星及其他類海行星相比（約10％），氦的比例相對較低，這也意味著氫分子累積在土星大氣層的下半部。以標準的行星模式來看，土星應該和木星一樣，最中間有著由岩石構成的小型核心，Fortney（2004）資料中更推估其核心質量應是地球的9～22倍。

　　土星環是土星外觀上最明顯的部分，由數cm至數m不等的冰粒子與岩石組成，厚度達100m。過去曾認為土星環可能是土星的衛星

遭毀滅性撞擊後所形成，不過，透過土星探測衛星卡西尼號（Cassini）傳回的數據，人們又有了不太一樣的見解。相關內容將於4.5節詳述。

天王星

天王星是繼木星、土星後，太陽系中的第3大行星。大氣裡約有83％的氫、15％的氦，比較特別的是還有約2%的甲烷。大氣上層所含的甲烷會吸收掉紅光，所以天王星看起來是藍綠色。根據星球的大小與位置，天王星及海王星過去被歸類在類木行星中，但近期改被列為水（行星學上都稱之為「冰」）與甲烷含量豐富、氣體成分較少的**冰質巨行星（類海行星）**。

天王星還有個很不一樣的特徵，那就是自轉軸幾乎平躺在黃道平面上（相當於地球公轉的軌道面），目前猜測天王星形成後，可能遭巨大天體碰撞，導致天王星是躺著的。和其他氣態行星相比，天王星幾乎看不見雲，且外觀頗為平坦。推估是因為受到橫躺的自轉軸影響，使得天王星幾乎不存在晝夜的氣溫變化。不過，2007年當天王星迎來春分，陽光正好能照射到自轉軸旁邊時，17個小時的自轉週期形成了晝夜的冷暖溫差，所以天王星還是會產生雲的呢。

海王星

海王星是距離太陽最遠，遠達30天文單位的行星，過去被歸類在類木行星，不過近期和天王星一樣，改被列為**冰質巨行星（類海行星）**。海王星的內部結構與天王星相似，具備岩石質核心，外圍包覆著水、甲烷、氨所組成的冰。再加上海王星的大氣中含有甲烷，所以看起來也是藍藍的。1781年發現天王星後，人們認為其軌道與天體力學計算結果不符，當時推估或許還有另一顆未知的天體，之後便於1846年在預測位置找到了海王星。海王星的公轉週期為165年，所以發現至今才剛繞太陽公轉完一圈呢。

海王星明明距離太陽很遠，表面溫度卻有72K，比預期還高，由

此可以得知海王星內部釋出的能量是吸收的太陽熱能的2倍多。推估這些能量應該是來自行星內部的引力收縮，或放射性元素衰變所產生的熱能。

2.3 矮行星

2006年，國際天文學聯合會重新定義**行星**時，多設了一個名為**矮行星**的類別。矮行星的定義為：（1）圍繞太陽轉動；（2）質量夠大，大到可產生足夠的引力使其保持接近球體；（3）無法清除軌道附近的天體，唯獨條件（3）與行星不同。作者撰寫本書時（2018年1月），已知有榖神星（Ceres）、冥王星、鬩神星（136199 Eris）、鳥神星（136472 Makemake）、妊神星（136108 Haumea）這5顆星體被分類在矮行星。2016年5月，人們更發現「2007 OR10」比矮行星的鳥神星還要大（直徑為1535km），雖然2007 OR10尚未被正式認定為矮行星，但應該也是遲早的事吧。

榖神星是1801年發現的第一顆小行星，所以在小行星序號系統名列1號（正式名稱為1 Ceres）。冥王星是1930年發現的天體，直

圖**2.8** 矮行星榖神星（左）與冥王星（右）

出處：NASA

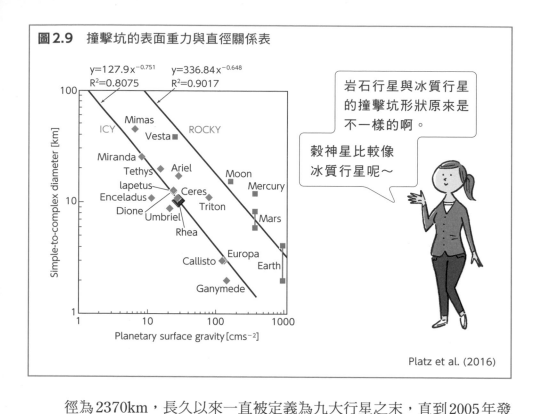

圖2.9　撞擊坑的表面重力與直徑關係表

Platz et al. (2016)

徑為2370km，長久以來一直被定義為九大行星之末，直到2005年發現了大小和冥王星一樣，太陽系外圍天體的鬩神星、鳥神星和妊神星，才改被劃入矮行星的行列。矮行星中，冥王星、鬩神星、鳥神星、妊神星這些太陽系外圍天體又特別被稱為**類冥王星（plutoid）**。

2015年，NASA太空探測器「黎明號（Dawn）」進入穀神星的軌道，讓我們了解到更多與穀神星有關的新知（**圖2.8左**）。穀神星自2006年發現至今，一直都被認為是小行星帶裡最大的小行星，不過根據黎明號的觀測結果，發現它的撞擊坑形狀跟灶神星（4Vesta）小行星，甚至是月球、水星、火星、地球等岩石行星都不太一樣，看起來反而更像是冰質行星（icy objects）〔**圖2.9**：Platz et al.（2016）〕。穀神星平均密度只有2g/cm³相當小，所以推測地殼下可能存在冰層。實際上，我們也在穀神星表面找到幾處白色亮點，於是有科學家推測，這說不定是穀神星遭隕石撞擊，使地底噴出鹽水，最後水分蒸發，留下了成分為氯化銨的矽酸鹽層〔De Sanctis et al.

（2015, 2016）〕。

　　另外，2016年NASA的新視野號（New Horizons）探測器接近冥王星時，更發現到流動著由氮冰組成的冰河、冰山以及圍繞在赤道附近的暗紅色區域，這些過去未知的發現都再佐證冥王星就是**冰質行星**的論述〔**圖2.8右**：Nimmo et al.（2016）〕。冥王星的表面構造應該是在1億年內所形成，代表冥王星至今可能還存在地質活動。Sekine et al.（2017）認為，冥王星很有可能在遭到大碰撞後，產生了冥衛一（又名卡戎，Charon），冥王星表面暗紅色的鯨魚模樣則是有機物受熱變性後所形成，此論述在國內外亦是受到關注。

　　新視野號其後更繼續飛行，預計在2018年底以逼近飛行的方式，觀測位於古柏帶（Kuiper belt）的天體2014 MU69，想必能讓我們了解到更多過去未知的**太陽系第三區**樣貌。

第**3**章 構成太陽系的天體 2
～小行星、彗星、外圍天體～

上一章稍微談論了太陽系中大型天體的太陽、行星及矮行星。本章則要聚焦在太陽系小型天體的小行星、彗星,及其故鄉—太陽系外圍天體。

3.1 小行星

截至目前為止,已經有名字的小行星大約是2萬顆,如果包含使用暫定編號的天體,數量竟然高達75萬顆(!)左右(https://ssd.jpl.nasa.gov/?body_count)。這些小行星又可依照軌道特性,分出主小行星帶(Main Belt)、特洛伊小行星(Trojans)與近地小行星(NEA)等不同類別。

主小行星帶的小行星

這些小行星帶狀分布於火星(1.5天文單位)與木星(5.2天文單位)之間。目前發現9成以上的小行星都存在於此小行星帶上,所以才會被稱為**主小行星帶的小行星**。如圖**3.1**下方所示,如果從正側方觀察地球繞太陽公轉(稱作黃道面),這些小行星幾乎是呈圓盤狀分布。**圖3.2**是目前觀測到的小行星數量分布,橫軸為小行星大小,縱軸為超過「某個大小」的小行星數量累積值(累積頻率分布)。一般來說,太小的小行星可能會漏掉沒計算到(觀察者偏差),不過運用累積分布圖的話,就能拉長(擴張)大顆小行星的尺寸分布趨勢,預

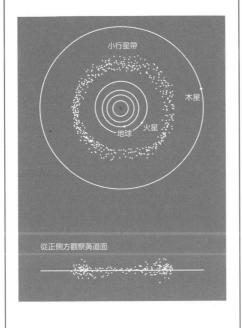

圖3.1 小行星的空間分布

小行星帶
木星
地球
火星

從正側方觀察黃道面

An Introduction to the Solar System
（Cambridge 出版）

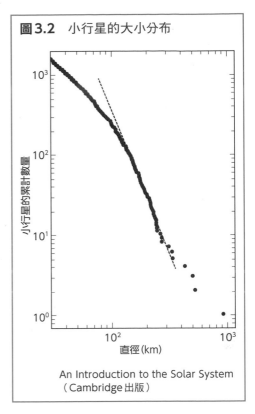

圖3.2 小行星的大小分布

小行星的累計數量

直徑(km)

An Introduction to the Solar System
（Cambridge 出版）

測到其他小顆小行星的數量。我們更進一步發現，200顆直徑超過100km的小行星就占據了整個小行星帶的質量。常有人形容「小行星是沒有順利變成行星的微行星殘骸」，不過小行星帶的總質量僅地球的1/2000。就連地球衛星的「月球」質量也還有地球的1/81左右，就算蒐集整個小行星帶的小行星，也無法變成1顆行星。但各位可能必須特別注意，這個估算是針對目前仍然存在的小行星去作整個質量的加總。太陽系誕生時，說不定存在著更多的微行星（小行星的原形），但當中有幾成受木星引力的影響，可能因此掉進太陽裡，或飛到太陽系之外。

　　小行星因為反射光譜傾斜角度、吸收線深度、絕對星等（明暗）的緣故，被分類在次要類別中（圖3.3）。比較過宇宙飛來地球的隕石（第10章）後，可以將小行星大致分類成由碳所構成，富含有機物的C型小行星、岩石成分所組成的S型小行星以及主要成分為金屬

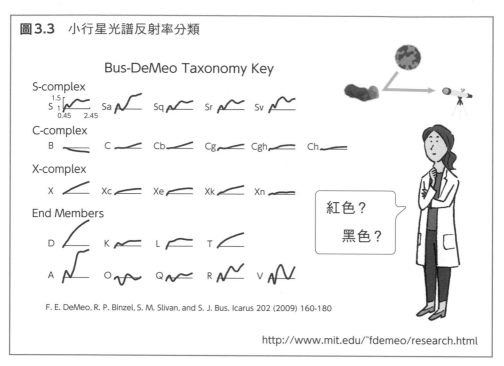

圖3.3　小行星光譜反射率分類

Bus-DeMeo Taxonomy Key

S-complex

C-complex

X-complex

End Members

F. E. DeMeo, R. P. Binzel, S. M. Slivan, and S. J. Bus. Icarus 202 (2009) 160-180

http://www.mit.edu/~fdemeo/research.html

的M型小行星。透過日本「隼鳥1號（Hayabusa 1）」探測器從S型小行星糸川帶回的樣本，可以確認糸川小行星的成分為岩石。2018年1月，「隼鳥2號」探測器正朝C型小行星龍宮邁進，NASA也計畫在2020年代上半前往調查M型小行星「靈神星（16 Psyche）」。相信在不久的將來，我們就能更深入掌握小行星光譜反射率與實際構成小行星的物質相關性。

　　如果用光譜反射率來分類小行星，可以發現每群小行星會存在於小行星帶裡特定的位置〔圖3.4，DeMeo & Carry（2-14）〕。以小行星帶內側（＜2.5天文單位）來說，火成作用的S型小行星較多，中間3天文單位的位置有C型小行星，外側（＞4天文單位）則會看見非透明物質含量多、相對原始的小行星（P型小行星、D型小行星），這也意味著小行星的組成物質會依和太陽的距離有所不同。

　　仔細觀察圖3.4，會發現有幾個小行星分布較少的軌道半徑。像是軌道半徑長2.5天文單位附近幾乎看不見小行星。這個位置的小行星公轉週期約為4年，與木星的公轉週期（約12年）正好是1：3的

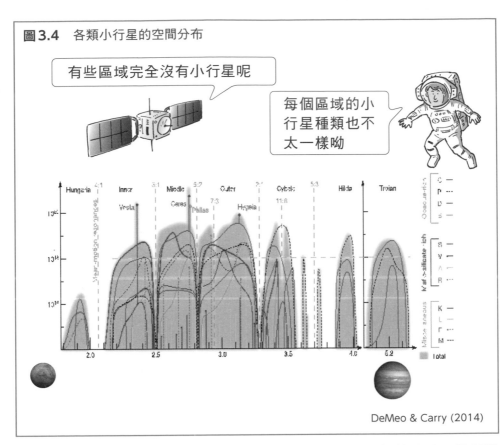

圖3.4　各類小行星的空間分布

有些區域完全沒有小行星呢

每個區域的小行星種類也不太一樣呦

DeMeo & Carry (2014)

比例。當小行星處於和木星公轉週期成整數比的共振軌道時，就很難長時間處於穩定狀態。丹尼爾·柯克伍德（Daniel Kirkwood）在1857年首度提及這個現象，所以這些位置又名為**柯克伍德空隙**（Kirkwood gap，或小行星帶隙）。

　　圖3.5是根據小行星的軌道長半徑、離心率、軌道傾角等軌道特性，將小行星的運動特徵加以分類。如果看縱軸為軌道傾角的圖表（圖3.5左），可以發現小行星會一群群地聚在一起，我們更掌握到同在一個群體的小行星光譜反射率其實很相似，所以推測這些可能在過去都是同一顆小行星，但在歷經了小行星彼此**碰撞**後，產生了大量碎片（可稱為**群族**或**家族**）。我們針對幾個小行星族，反算了當中每顆小行星的運動軌跡，了解到它們是在何時遭遇撞擊變成碎片〔Jedicke et al.（2004）〕。以Gefion家族來說，這群小行星就是在4

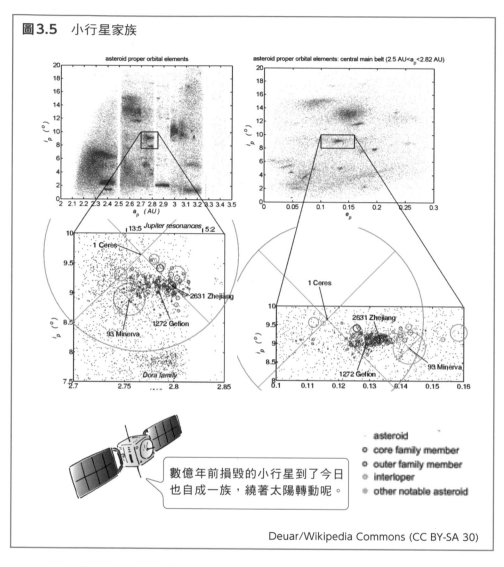

圖3.5 小行星家族

數億年前損毀的小行星到了今日也自成一族，繞著太陽轉動呢。

Deuar/Wikipedia Commons (CC BY-SA 30)

億7千萬年以前撞擊成碎片的小行星族。正巧科學家也在瑞典、中國相當於4億7千萬年前的地層發現大量隕石，所以推測Gefion家族母體遭撞擊後，碎片噴到地球形成隕石雨〔Heck et al.（2004）；Nesvorny, et al.（2009）〕。

特洛伊小行星

仔細端倪圖3.1可以發現，與木星、太陽成正三角形的位置有一

群很密集的小行星，這裡剛好對應到圖3.4中，靠近5.2天文單位的高點。此群體名叫**特洛伊小行星群**，截至2017年10月為止，已發現6704顆小行星（從木星看過去的話，前方有4271顆、後方有2433顆）。另外，在拉格朗日點L4、L5的位置上，太陽引力、木星引力以及對物體的離心力這3股力量會處於平衡狀態。一旦小行星被「引力」固定在這個位置，就能穩定存在於此數十億年。

如圖3.4所示，特洛伊小行星群又可分成C、P、D型。我們尚未完全掌握特洛伊小行星群的起源，（1）太陽系誕生時，特洛伊小行星群可能就和木星同時形成、（2）歷經了名為尼斯模型（Nice model）的行星遷移後，太陽系裡的天體重新洗牌，並捕獲到小行星帶的天體、（3）同樣在行星遷移時，受引力影響所捕獲到的古柏帶天體等是目前較常見的幾種說法。為了探究這些小行星的起源，NASA計畫在2021年發射「露西號（Lucy）」探測器（註：已順利於2021年10月發射升空），調查木星的特洛伊小行星群，預計會在2027年抵達。屆時將花費6年的時間靠近並探查5顆特洛伊星群的小行星（4顆位於L4、1顆位於L5）。此外，JAXA也在評估是否能在太陽能發電的探測器上，搭載**可以當場進行分析**的質量分析儀，針對特洛伊小行星群作研究。只要能夠成功分析特洛伊小行星群的碳/氮/氫等同位素，應該就能釐清特洛伊小行星群究竟是源自岩石為主體的小行星帶，或是太陽系外圍天體的冰質行星。

近地小行星群

在小行星裡，有一群小行星具備能接近地球的軌道，名叫**近地小行星群**（NEA；Near Earth Asteroid）。根據國際天文學聯合會Minor Planet Center（https://minorplanetcenter.net/mpc/summary）的資料顯示，目前已知的NEA數量超過1萬顆（**圖3.6**）。我們又會把與地球軌道相交的最短距離少於0.05天文單位，相對較亮（也就是比較大）的小行星定義為「可能會撞擊地球，有潛在威脅的小行星」（PHA：Potentially Hazardous Asteroid）。截至目前為止已找到至

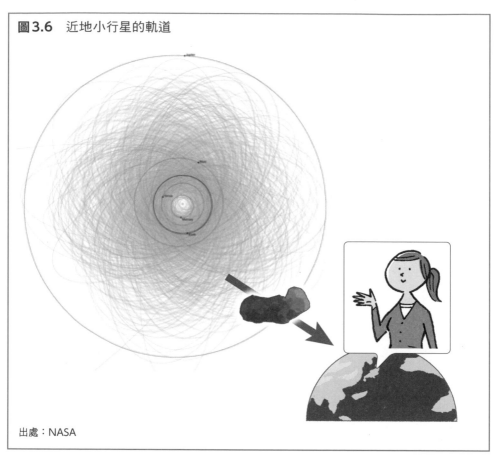

圖 3.6　近地小行星的軌道

出處：NASA

少 1800 顆 PHA，根據光譜反射率，這些小行星多半被分類在 S 型小行星中。也因為它們的光譜反射率跟地球最常見的隕石類群（**一般球粒隕石**）非常相似，所以可以推估是 NEA 的碎片變成隕石掉落在地球上。小行星探測器「隼鳥 1 號」採集樣本的 S 型小行星糸川（25143 Itokawa）便是 NEA 之一。

　　Gladman et al.（2004）的資料便有提到，透過軌道計算，粗估 10 ～ 20％的 NEA 會撞擊類地行星，超過半數會衝撞太陽，剩餘的 15％左右則會飄到太陽系之外。另外，這些 NEA 的壽命再長也不過 1 千萬年，與太陽系的年齡相比極短。由此可知，小行星帶即便到了今日仍不斷在地球附近的軌道釋出小行星。Michel and Yoshikawa（2005）等人的報告則提到，糸川小行星將在 100 萬年內撞擊地球。

3.2　彗星

具備物質科學特性

　　彗星是大小介於數公里至數十公里的小型天體，主要成分包含了矽酸鹽與有機物構成的塵埃、H_2O，屬於冰質混合物。彗星的軌道範圍包含了太陽系外側的低溫領域到內側的高溫領域，當彗星表面接收到太陽熱與輻射後就會**蒸發/背離**，形成**離子尾**（也稱氣尾）或**塵埃尾**（圖3.7）。

　　2005年，NASA曾以每秒10km的速度朝坦普爾1號彗星撞擊重約370kg的物體（深度撞擊號），藉此破壞彗星表面，觀測飛散的彗星內部物質。Lisse et al.（2006）等資料也提到，以史匹哲紅外線太空望遠鏡觀測撞擊瞬間時，發現彗星塵埃裡頭除了有非結晶的Amorphous Silicate，成分中還包含了結晶輝石和橄欖石（**圖3.8**左上）。另外，NASA在星塵任務（Star dust）中，也從短週期彗星

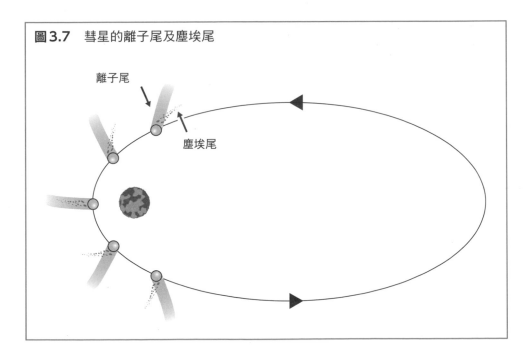

図3.7　彗星的離子尾及塵埃尾

離子尾

塵埃尾

圖3.8 史匹哲紅外線太空望遠鏡觀測到的彗星塵埃光譜（上圖）與星塵任務採集到的塵埃反射電子像（下圖）

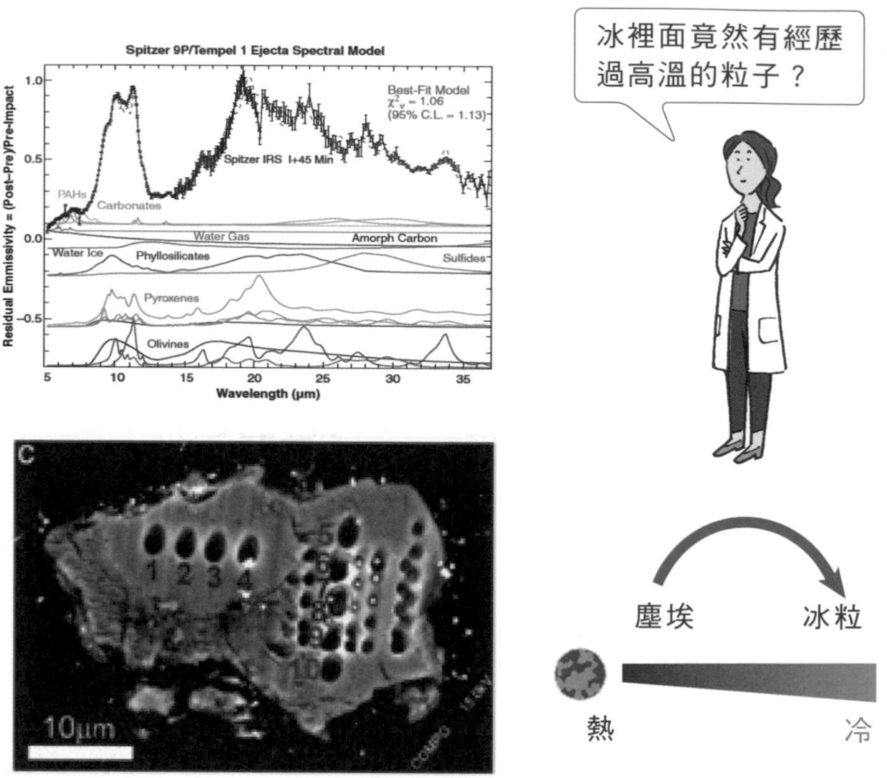

Lisse et al. (2006), Nakamura et al. (2008)

81P/Wild 2帶回了彗星塵埃，於實驗室進行詳細調查。Nakamura et al.（2008）資料中指出，仔細分析這些塵埃的氧同位素後，發現裡頭有些組織和隕石中名為球粒（chondrule）的高溫凝結物非常相似（圖3.8左下）。這也意味著彗星同時擁有在低溫區域形成的冰質揮發性成分以及經歷高溫環境的結晶礦物（感覺就像是冰淇淋和天婦羅同時存在）。目前推測是因為太陽系誕生之初曾發生大規模的物質循環，當時靠近太陽高溫區域所形成的物質被推往數十天文單位之外的太陽系外緣，並與冰質成分結合，變成了彗星（圖3.8右）。

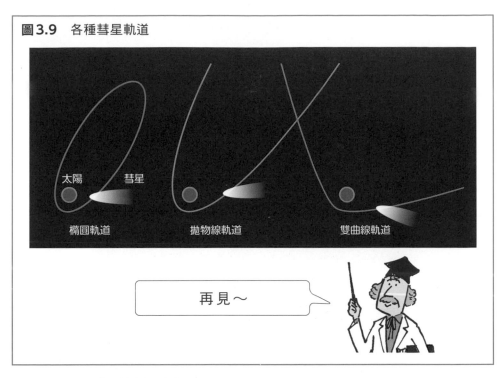

圖3.9 各種彗星軌道

太陽　彗星

橢圓軌道　　　　　　拋物線軌道　　　　　　雙曲線軌道

再見～

彗星軌道的特性

　　一般而言，行星或小行星的公轉軌道多半會沿著名為黃道面的平面，以接近圓形的橢圓途徑繞行。相較之下，彗星的公轉軌道基本上都是細長的橢圓形，有些甚至是拋物線或雙曲線。軌道為拋物線或雙曲線的彗星只會接近太陽一次，隨後離太陽遠去。

　　針對有著**橢圓軌道**的彗星，又可分成公轉週期少於200年，軌道半徑較短的**短週期彗星**；以及公轉週期超過200年，軌道半徑較長的**長週期彗星**。大多數的短週期彗星軌道傾斜角都比較小，基本上會和行星處於同個平面或朝向同個方向繞行太陽公轉。反觀，長週期彗星與黃道面夾角可為任意角度，公轉的方向也沒有規則性。從這些特性便可得知，短週期彗星的故鄉應是圓盤狀分布的**古柏帶**，長週期彗星則源自大範圍囊括整個太陽系的**歐特雲**（**圖3.10**）。

　　以橢圓軌道繞行的彗星不只會受到太陽影響出現蒸發作用，大型行星及太陽的引力也會干擾軌道，照理來說無法持續繞行。

圖3.10　太陽系外圍天體。古柏帶天體（上圖）與歐特雲（下圖）

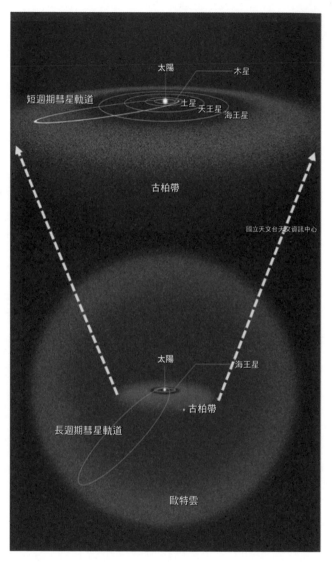

彗星在1萬年到數十萬年期間就會衝撞行星或太陽，甚至落入太陽系之外。即便太陽系誕生至今已46億年，彗星還繼續存在，就表示古柏帶或歐特雲仍不斷朝通過太陽附近的軌道釋放彗星。

第 **4** 章

構成太陽系的天體 3
～衛星與星環～

第2章已經討論過太陽系8個行星的特徵，本章將針對繞行這些行星的衛星與星環來作解說。隨著近幾年一次次的探查，我們發現太陽系的衛星可能有活火山，有些甚至有冰火山或地底海，形態上比行星更加多元。

4.1 衛星與星環

圖**4.1**彙整了行星與其衛星數量（改訂自日本國立天文台2017年公布的數值）。類地行星的水星、金星沒有衛星，地球有1顆，火星則有2顆衛星。氣態巨行星的話，木星和土星分別有79顆（最近又

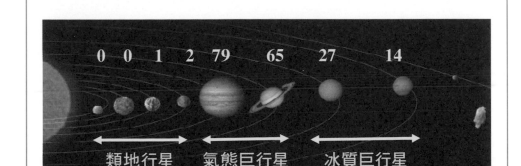

圖4.1 衛星數量

0　0　1　2　79　　65　　27　　14

類地行星　　氣態巨行星　　冰質巨行星

改訂自NASA資料

圖 4.2　典型的衛星照片

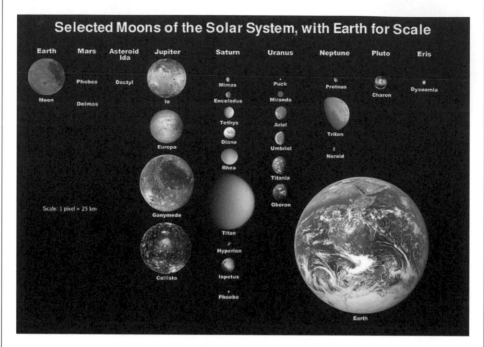

出處：NASA

新發現12顆！）、65顆衛星。冰質巨行星的天王星及海王星各有27顆、14顆，都有著為數眾多的衛星。類地行星的衛星雖然沒有星環，但氣態巨行星和冰質巨行星的衛星都有星環。類地行星與巨行星的衛星數、有無星環等截然不同的差異也是太陽系行星才有的顯著特色。目前認為這是因為太陽系誕生時，行星形成上的差異所致（9.3節）。

　　圖4.2彙整出了幾個具代表性的衛星。當中的木衛三（又稱蓋尼米德、Ganymede，直徑約5262km）、木衛四（又稱卡利斯多、Callisto，直徑約4820km）以及土衛六（泰坦；直徑約5150km）都比行星的水星（4879km）還要大。我們口中所說的「月球」直徑約3400km，只比木衛一（埃歐；3643km）小一些，在太陽系190顆左右的衛星中，大小排名第五。針對月球會在第13章與各位詳述。

4.2 火星的衛星群

　　火星有2顆衛星，分別是**火衛一**（又稱福波斯、Phobos，直徑23km）與**火衛二**（又稱戴摩斯、Deimos，直徑12km）。這2顆衛星與火星的大小比例只有1/270，與其他行星相比，「衛星/行星」比小上許多。火衛一公轉的速度比火星自轉速度還快（位於共轉半徑內側），受到潮汐力拉扯減速的影響，火衛一正以每年縮減2cm的距離靠近火星，預估3000萬～5000萬年後墜落火星表面（**圖4.3**）。另一方面，火衛二位於共轉半徑外側，公轉速度比火星的自轉速度還慢，所以受到火星加速的影響，正慢慢離火星愈來愈遠。

　　無論是火衛一還是火衛二，它們的光譜反射率都和D型小行星（由富含有機化合物的矽酸鹽、碳、無水矽酸鹽組成的小行星）極為相似〔Rivkin et al.（2002）〕，因此長久以來，火星衛星其實就是**被火星引力捕獲的小行星論述**最為有力。不過，單究這個論述而言，軌道傾斜角較小的圓形軌道從力學來看是很難達成的，所以目前又有科學家提出火星北半球撞擊巨大天體後，碎片生成了2顆衛星的**大碰撞論述**〔Rosenblatt et al.（2016）〕。

　　2016年，JAXA發表了火星衛星探測計畫（MMX：Martian Moons eXploration），預計在2020年代上半發射探測器（註：目前

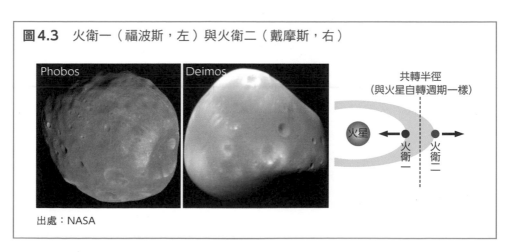

圖4.3　火衛一（福波斯，左）與火衛二（戴摩斯，右）

Phobos

Deimos

共轉半徑
（與火星自轉週期一樣）

火星　←火衛一　火衛二→

出處：NASA

計畫2024年），進入火星衛星繞行軌道，執行衛星觀測任務並採集樣本後再回到地球。如果真的能夠取得火衛一或火衛二的樣本，那麼透過氧同位素比的分析，就能釐清衛星究竟是來自火星本身（大碰撞說），還是來自小行星（捕獲說）。

4.3　木星的衛星群

目前已知木星有79顆衛星，天文學家伽利略在1600年代初就以自製望遠鏡觀測到的其中4顆衛星，也就是「木衛一」（埃歐）、「木衛二」（又名歐羅巴，Europa）、「木衛三」（蓋尼米德）和「木衛四」（卡利斯多），因此這4顆衛星又特別被稱為**伽利略衛星**。

木衛一（Io）是伽利略衛星中，軌道最靠內側的衛星，同時也是地球之外，人們首度觀測到有活火山的天體。1979年航海家1號探測器接近木衛一時，觀測到高度達數百km的火山噴煙，讓研究人員大為震驚。因為木衛一的大小和「月球」差不多，但月球天體內部已經冷卻，火山活動也早就停止，反觀木衛一還有多處火山活動，對比極為強烈。一般認為，這是因為木衛一在木星附近繞行橢圓軌道的關係。木衛一雖然月球一樣，自轉週期和公轉週期相同，不過繞行的軌

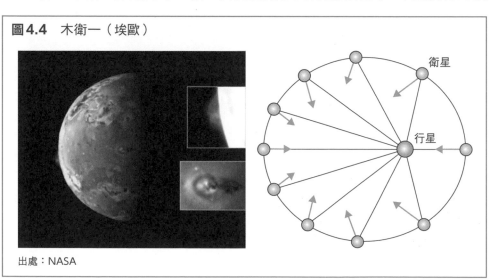

圖4.4　木衛一（埃歐）

衛星

行星

出處：NASA

道為橢圓形，就表示受木星拉扯的力量隨時都在變化（**圖4.4**）。這個名為**潮汐作用**的現象會對木衛一內部加熱，促使火山活動。

　　木衛二（Europa）是伽利略衛星中，在內側數來第二條軌道上公轉的衛星。木衛二和有著活火山的木衛一完全不一樣，它的表面被由水（H_2O）構成的冰所包覆，反射率高，看起來很明亮。有研究報告指出，因為看不見明顯的撞擊坑，所以木衛二表面應是近期才形成，推估年代為4000～9000萬年前〔Witze（2015）〕。Sparks et al.(2016) 資料也提到，哈伯太空望遠鏡在2016年觀測到木衛二表面噴出高達100km的間歇泉，因此可以斷定木衛二的冰殼下有（液體的）地底海洋（**圖4.5**）。不過，融化這些冰的熱源究竟從何而來，目前則有兩派說法。一派認為是木星的潮汐加熱融化了部分冰層地函，另一派則認為熱源來自海底火山。如果採用後者說法，那麼木衛二很有可能存在類似棲息於地球熱水噴出孔的生物，也就是能把熱水所含的氫、硫化氫、二氧化碳轉變成甲烷，以熱水為能量來源的微生物「超嗜熱甲烷菌」（hyperthermophile methanogens）。

圖4.5　木衛二（Europa）

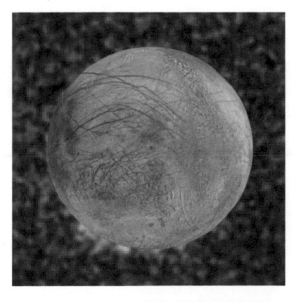

出處：NASA

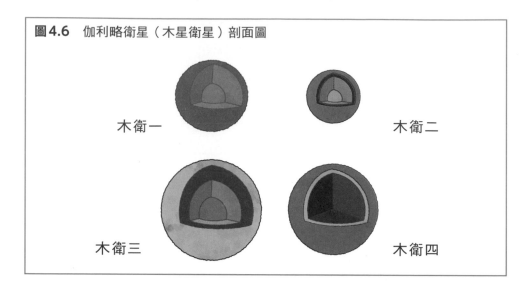

圖4.6　伽利略衛星（木星衛星）剖面圖

木衛一

木衛二

木衛三

木衛四

　　木衛三‧蓋尼米德（Ganymede，直徑5262km）是太陽系裡最
大的衛星，甚至比行星水星還要大，但是密度只有1.9g/ cm^3，除了
含有岩石（平均密度為3～8 g/ cm^3），類似冰或水質地的小密度物
質占去大部分的體積。我們會以**轉動慣量**來代表一個物體在作旋轉運
動時的狀態範圍（嚴格來說是角加速度和力矩比）。像是物質密度均
一的球體轉動慣量為0.4，當質量愈集中於物質中心處，數值就會愈
小。根據Anderson et al.（1996,1998）的觀測，木衛一、木衛二、
木衛三、木衛四的轉動慣量依序為0.378、0.348、0.311、0.358。其
中又以木衛三的轉動慣量值最小，所以可以得知木衛三核心存在著密
度相對較高的物質（**圖4.6**）。**木衛四‧卡利斯多（Callisto）**的平
均密度雖然接近木衛三，轉動慣量卻比木衛三來的大，所以能夠推測
星體裡頭的冰成分與岩石成分應該並未完全分離。另外，木衛三具備
固有磁場，這也意味當中存在著高導電度的流體。

4.4 土星的衛星群

　　目前已知土星擁有65顆衛星（其中3顆尚未確定），其中又以土
衛六（又名泰坦；Titan）及土衛二（又名恩克拉多斯；Enceladus）

最受科學家們關注。

　　直徑約5150km，土星最大衛星的**土衛六**大氣成分包含了氮（98％）和甲烷（1.4％），大氣壓力為1.5，與地球的大氣組成頗為相似。會形成氮氣目前有兩種說法，一是土衛六材料物質的冰脫氣（degassing）後有了氮。另一種說法是認為來自太陽星雲的氨氣在土衛六轉變成氮。如果氮分子會凝結成晶籠水合物（clathrate hydrate），那麼在相同的溫度及壓力條件下，照理說氬也會形成晶籠水合物並集聚在土衛六。不過，2005年惠更斯（Huygens）小型探測器針對土衛六大氣層的稀有氣體氬氣進行同位素觀測時，並未檢測出和太陽星雲起源相同的同位素氬36及氬38（^{36,38}Ar）。這也意味著土衛六的大氣層並非晶籠水合物，而是氨氣凝結後集聚在土衛六〔Niemann et al.（2005）〕。

　　土衛六最特別之處，就屬它是地球以外，人們在地表發現液體存在的第一顆太陽系天體。2005年1月，惠更斯探測器以投放降落傘的方式降落土衛六地表時，成功拍攝到液態甲烷的湖泊及河川、三角洲

圖4.7 從土衛六上空拍攝的影像（左）與著陸時的影像（右）

出處：NASA

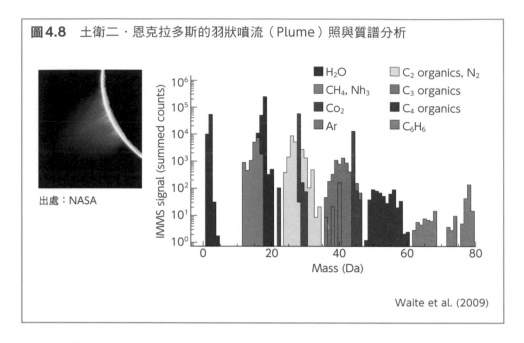

圖4.8 土衛二‧恩克拉多斯的羽狀噴流（Plume）照與質譜分析

出處：NASA

Waite et al. (2009)

形狀的河口照（**圖4.7**）。同時還在土衛六的大氣層中，偵測到鉀40（^{40}K）放射性衰變後所形成的氬40（^{40}Ar）及甲烷氣體（CH_4）。大氣中的甲烷會受光化學反應慢慢分解，沒有補給來源的話，照理說大約1千萬年就會枯竭耗盡，所以可以猜測，目前土衛六仍持續從內部釋放甲烷、氬40這類揮發性元素。

　　直徑約500km的土衛二是科學家們專注的另一顆衛星（在土星衛星中大小排名第六）。土衛二的平均溫度為零下200度，極為寒冷，地表覆蓋著形成年代較新的冰層，反射率非常高，因此被認為是太陽系中最白的天體。2006年，卡西尼（Cassini）土星探測器在土衛二的南極區域發現溫度為零下90度的熱泉，令世界各方的研究學家大為震撼〔Spencer st al.（2006）〕。其後更檢測出源自土衛二本身的氨、有機物〔**圖4.8**, Waite et al.（2009）〕、氯化鈉（Postberg et al.2009）、鹽水冰〔Postberg et al.（2009）〕、含有二氧化矽的奈米矽粒子（SiO_2）〔Hsu et al.（2016）〕。一般來說，高溫海水與岩石接觸後，岩石中的二氧化矽會溶於水中，並在瞬間冷卻時分離出奈米矽粒子。Hsu et al.(2016) 利用了含有二氧化碳及氨的水溶液，搭

圖4.9 土衛二剖面推估圖與二氧化矽重現實驗

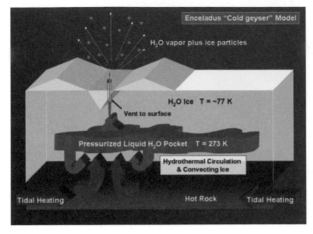

出處：NASA

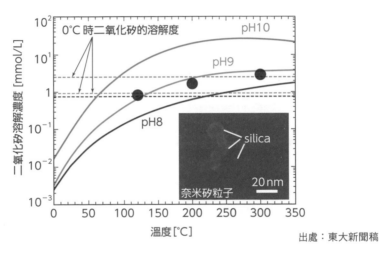

出處：東大新聞稿

配太陽系形成之初普遍存在的橄欖石與輝石粉末進行熱水反應實驗。實驗結果發現，若要重現出奈米矽粒子，環境條件就必須是酸鹼度（pH）介於8～9鹼性且溫度超過90度的熱水（**圖4.9**）。這也強烈意味著土衛二可能也存在著跟地球海底一樣的熱泉活動。根據上述資料，土衛二具備有機物、熱源、液態水這三項生命所需要素，因此極有可能是地球除外存在生命的天體。

最後來彙整一下不同衛星分別擁有的含水量（**圖4.10**）。正如

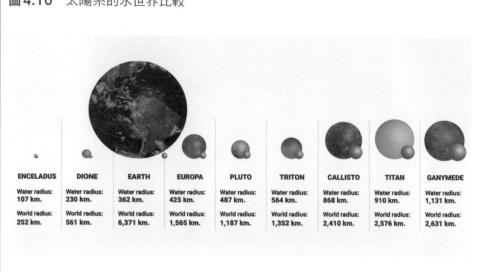

圖4.10　太陽系的水世界比較

ENCELADUS	DIONE	EARTH	EUROPA	PLUTO	TRITON	CALLISTO	TITAN	GANYMEDE
Water radius: 107 km.	Water radius: 230 km.	Water radius: 362 km.	Water radius: 425 km.	Water radius: 487 km.	Water radius: 564 km.	Water radius: 868 km.	Water radius: 910 km.	Water radius: 1,131 km.
World radius: 252 km.	World radius: 561 km.	World radius: 6,371 km.	World radius: 1,565 km.	World radius: 1,187 km.	World radius: 1,352 km.	World radius: 2,410 km.	World radius: 2,576 km.	World radius: 2,631 km.

改編自NASA/JPL

第2章所述，地球有著「水」行星的稱號，但其實「水」不過占地球質量的0.1％左右。本章介紹到木星的伽利略衛星、土衛六・泰坦、海王星衛星・海衛一（Triton）以及矮行星冥王星的天體大小雖然不大，擁有的總水量卻遠超出地球。部分的地底海洋更被認為因為有潮汐作用及放射性元素衰變產生熱源，所以能**長時間維持**熱泉環境〔木村，遊星人（2006）〕。也因為這樣，「海洋」不再是地球獨有，木星之外可能有各式各樣獨自演化而成的**水世界（Ocean world）**。

4.5　衛星與星環的關係

　　說到星環，最有名的雖然是土星環，不過木星、天王星、海王星也都有著由 μm ～ m 大小不等的冰所形成的星環。觀察這些行星的星環與衛星位置，會發現星環多半位在行星附近，衛星的位置則較遙遠。一般而言，愈靠近行星，受到粒子彼此引力的影響，潮汐作用會變得強烈。根據洛希極限半徑（$= r_{\mathrm{Roche}} \simeq 2.456\, R_{行星}\left(\dfrac{\rho_{行星}}{\rho_{衛星}}\right)^{\frac{1}{3}}$），接近

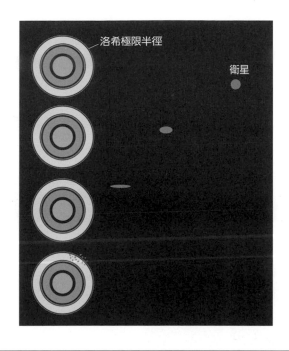

圖4.11　彗星等天體的潮汐破壞作用與星環的形成

洛希極限半徑

衛星

衛星或彗星靠近行星
時會被拉長，最後解
體分散！

中心天體時就會引起潮汐破壞，所以衛星無法維持永不改變（**圖
4.11**）Hyodo et al.（2017）資料便提到，透過電腦模擬，發現大型
的古柏帶天體通過龐大行星附近時，會受行星的潮汐作用影響遭破
壞，並形成星環。

　　近年，透過卡西尼號對土星環的直接觀測，我們進一步了解到更
複雜的星環結構與其形成機制。舉例來說，土衛三十五（Daphnis）
存在於土星環縫隙中（**圖4.12**上）。根據克卜勒第三定律，愈靠近
軌道內側，天體的繞行速度愈快，所以土衛三十五被內側星環物質追
過的同時，本身也正追過外側的星環物質。隨著衛星所帶來的引力效
果，星環邊緣會出現「漣漪般的突起構造」。

　　另外，也有些衛星不在星環縫隙間，而是直接存在於星環當中。
土星的E環是由土衛二間歇泉噴發的冰粒所組成，而且這顆衛星目前
正持續生成星環〔**圖4.12**左下、Mitchell et al.（2015）〕。另外，在

圖4.12　土星的各種星環構造
（上：土衛三十五、左下：土衛二、右下：新衛星佩吉）

出處：NASA

　　A環外圍處，構成星環的冰碎片及岩石碎片緩慢且持續地朝土星外側
碰撞擴散，所以在土星引力較弱的位置甚至發現了正在形成的新衛星
佩吉（Peggy）〔圖4.12右下、Murray et al.（2014）〕。由此也可發
現，星環和衛星會相互影響、一同演化。

第**5**章 行星比較 ～比較行星科學入門～

第2章談了每顆行星的特徵，本章將針對行星的各種物理表現進行比較，探討太陽系天體的普遍性與特異性。

5.1 大小、質量、密度比較

就讓我們依序比較太陽與行星的各項物理表現吧（**表5.1**）。最小行星的水星、最大行星的木星以及太陽大小差異介於 10 ～ 100 倍，質量差異可達6000 ～ 1千萬倍。不過很有趣的是，單純只看密度的話，落差範圍僅介於1 ～ 5 g/ cm^3，落差再大也不過就3 ～ 4 倍之差，而且這些行星的質量分別落在0.7 ～ 1.6 g/ cm^3（類木行星、

表5.1 太陽與行星的物理表現比較（參照理科年表）

	軌道半徑 （天文單位）	離心率	公轉週期 （日）	有效溫度 K	半徑 km	質量 ×10^{23}kg	密度 g/cm^3
太　陽				5780	696000	20000000	1.4
水　星	0.39	0.21	88	330	2440	3.3	5.4
金　星	0.72	0.01	225	735	6052	49	5.2
地　球	1	0.02	365	295	6378	60	5.5
火　星	1.5	0.09	687	250	3396	6.4	3.9
木　星	5.2	0.05	4330	124	71492	18981	1.3
土　星	9.6	0.06	10752	95	60268	5683	0.69
天王星	19	0.05	30667	76	25559	868	1.3
海王星	30	0.01	60141	55	24764	1024	1.6
冥王星	39	0.25	90320	50	2370	0.13	1.9

類海行星）和3.9～5.4 g/ cm³（類地行星）兩個極端區域內。會有如此明顯差異，是因為前者的巨行星及太陽主成分為氫（H）、氦（He）等氣體，類地行星主要則是由岩石、鐵等元素組成（岩石密

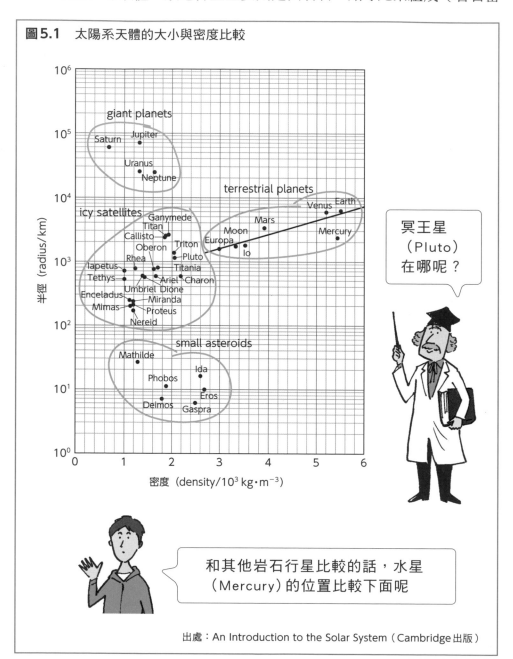

圖5.1　太陽系天體的大小與密度比較

出處：An Introduction to the Solar System（Cambridge出版）

度多半為 3 g/ cm³、鐵塊密度為 7 ～ 8 g/ cm³，類地行星的密度正好介於兩者之間）。

接著以橫軸為行星密度、縱軸為行星大小的分布圖來作比較（**圖 5.1**）。如果把小行星、衛星數據也一起納入，會發現太陽系的天體可大致區分為巨行星、岩石類天體、冰質衛星、小行星 4 個類群。仔細觀察岩石天體類群的話，又會發現地球、金星、火星、月球、木衛一（埃歐）、木衛二（歐羅巴）都處於同一條藍線上，水星的位置卻

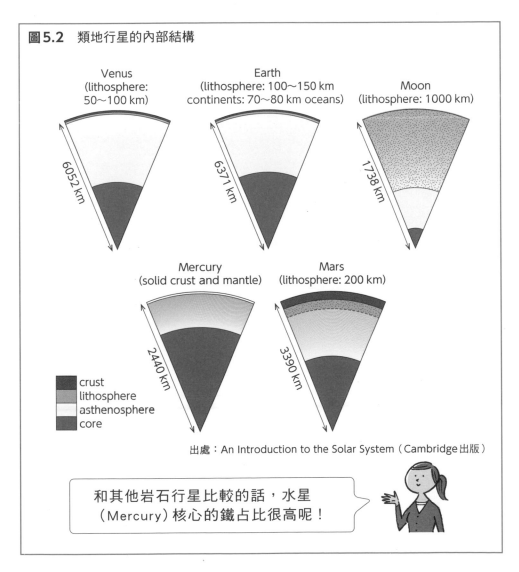

圖5.2　類地行星的內部結構

出處：An Introduction to the Solar System（Cambridge 出版）

和其他岩石行星比較的話，水星（Mercury）核心的鐵占比很高呢！

稍微偏低。這意味著與同為岩石行星的金星、地球、火星相比，水星質地比較重。透過近期的探查活動更發現，水星核心的鐵占比較其他岩石天體高出許多（**圖5.2**）。至於為何水星核心的鐵占比較高，目前有（1）因為水星本身距離太陽較近，所以組成物質跟其他岩石行星不太一樣、（2）大碰撞後，矽酸鹽地函剝落所致等說法，但尚無法得到實證。

5.2 行星軌道半徑具備的經驗法則

接著來看看從太陽到行星的距離。各位看了表5.1後應該會發現某種相關性吧？德國的提丟斯（Johann Daniel Titius）和波得（Johann Elert Bode）在1766年左右，發現如果依序從水星為每顆行星編號為−∞、1、2……的話，太陽與行星的距離r會跟算式$r = 0.4 + 0.3 \times 2^n$很相似（此公式俗稱**提丟斯-波德定律**，但因為尚無法釐清當中的物理機制，所以稱作「經驗法則」會比較恰當）。提丟斯和波得提倡此「定律」時，人們其實還沒發現天王星，不過到了1781年，就在相當於$n = 6$的軌道半徑，也就是19天文單位的位置發現天王星。另外，1801年時，也在$n = 3$的軌道半徑，約2.8天文單位之處，找到了小行星帶最大天體的穀神星（2006年歸類為矮行星），更加提升了此「定律」的可靠度。近來人們更透過N-body simulation（一般稱為N體模擬）〔Kokubo et al.（2006）〕，發現遍布於原太陽星雲（protosolar nebula）中的原行星集結、合併，形成行星後，「質量適宜」的天體就會出現在目前實際行星所在的「適宜地點」〔**圖5.3**下、Kokubo et al.（2006）〕。另一方面，透過對太陽系外行星的觀測（14章），也有學者提出「行星形成後的移動模式」。根據上面所述，行星的所在位置雖然非常漂亮，完美到能用公式呈現，但目前我們還無法釐清提丟斯─波德定律代表的科學意義，這也讓相關內容成了當今非常熱門的研究主題。

圖5.3　提丟斯─波德定律（上圖）與行星形成的Ｎ體模擬（下圖）

提丟斯─波德定律（1766 年左右）

$$r = 0.4 + 0.3 \times 2^n$$

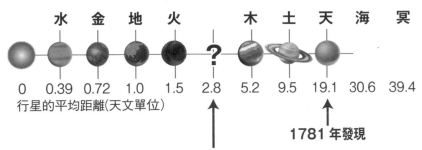

$n =$	$-\infty$,	0,	1	2	3	4	5	6	7
計算值	0.4	0.7	1	1.6	2.7	5.2	10	19.6	38.8

	水	金	地	火		木	土	天	海	冥

					?					
0	0.39	0.72	1.0	1.5	2.8	5.2	9.5	19.1	30.6	39.4

行星的平均距離(天文單位)

1781 年發現

1801年1月1日，正巧就在此軌道上（2.8天文單位）
發現新天體穀神星。

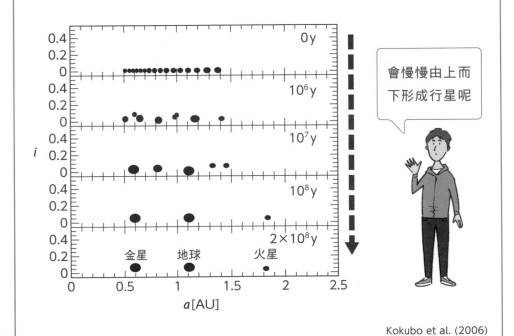

會慢慢由上而
下形成行星呢

i

0y
10^6y
10^7y
10^8y
2×10^8y

金星　地球　火星

a[AU]

Kokubo et al. (2006)

5.3 公轉週期與軌道半徑的關係

接著，再來看看行星軌道週期與軌道半徑的相關性。把橫軸視為和中心天體的距離（嚴格來說是橢圓軌道的長半徑，單位km），縱軸為公轉週期（單位是日），行星（矮行星的冥王星也一同納入）會正好落在斜率3/2的直線上（不過要注意，這裡的橫軸和縱軸每個刻度是以10倍增加的對數）。這其實就是德國天文學家克卜勒（Johannes Kepler）發現的**克卜勒第三定律**，即「行星繞太陽公轉週期的平方，和繞行軌道的半長軸立方成正比」。英國自然科學家牛頓（Isaac Newton）於著作《自然哲學的數學原理》中，便將自己發現的萬有引力定律（$F = Gm_1m_2/r^2$）推導至克卜勒第三定律。此定律美妙之處，在於**無關乎物體（這裡是指太陽或行星）的質量、大小、成分，只要兩物體間存在引力，基本上此定律就能成立。**

為了作比較，再把公轉於行星周圍的衛星畫出，我們又可以發現每顆行星的衛星群也會精準落在斜度3/2的直線上。這些平行線由上而下分別為火星、冥王星、海王星、土星、木星、太陽，同時也是中

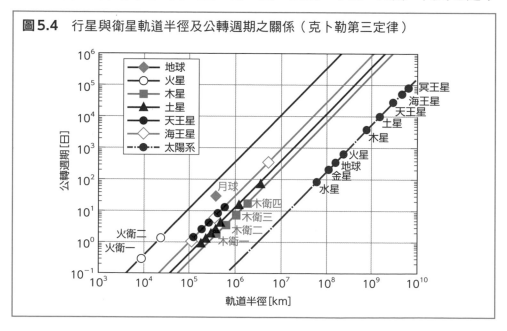

圖5.4 行星與衛星軌道半徑及公轉週期之關係（克卜勒第三定律）

心天體由輕而重的順序。因為當公轉的天體質量比中心天體小上許多時，就能從萬有引力定律（$F = Gm_1m_2/r^2$）求出公轉週期P，這時$P = \sqrt{\dfrac{4\pi^2}{GM}}\, r^{\frac{3}{2}}$。中心天體質量$M$愈大，係數$\sqrt{\dfrac{4\pi^2}{GM}}$會愈小，那麼在**圖5.4**中，行星就會依照質量由輕而重，從上往下排成斜度3/2的平行線。由此可知，行星和衛星的公轉運動其實充滿秩序，甚至能用美不勝收來形容呢。

5.4 平均氣溫與軌道半徑的關係

接著來比較看看行星的平均溫度。表面溫度最高的是金星，約740K，最低的是海王星的72K，落差約10倍。如果橫軸為和太陽的距離，縱軸為行星均溫，並以對數呈現的話，會發現或許有些高低落差，但所有行星普遍分布於斜度-1/2的直線區域（**圖5.5**）。

若將太陽每單位時間釋放的能量視為L，和太陽相距r的行星半徑視為R，反射率視為A的話，行星接收來自太陽的能量會與行星剖面積πR^2成正比，算式為$L \times \dfrac{\pi R^2}{4\pi r^2}(1-A)$。另一方面，行星的降溫程度會和行星表面積$4\pi R^2$成正比，可用$\sigma T^4 \times 4\pi R^2$來表示。以大方向來看，假設這些行星的入射能量和放射能量相當，那麼左邊的行星剖面積πR^2就能與右邊的行星表面積πR^2相抵銷，代表**行星的平均氣溫 T 將會與和太陽距離 r 的 1/2 平方成正比**。就整個太陽系來看，行星在溫度上的差異都能以斜度-1/2的黑直線來表示，這也意味著行星的氣溫無關乎自身的質量或大小，基本上會取決於和太陽間的距離。但是仔細觀察的話，又能發現每顆行星並非精準坐落在直線上。目前認為是行星反射率的差異（接收太陽能量的效率差異）、豐富的二氧化碳大氣層導致溫室效應（金星）、行星內部結構改變後釋放出重力能（木星、海王星）、放射性元素引發的衰變熱等所導致，這些因素也反映出每顆行星獨有的風格。

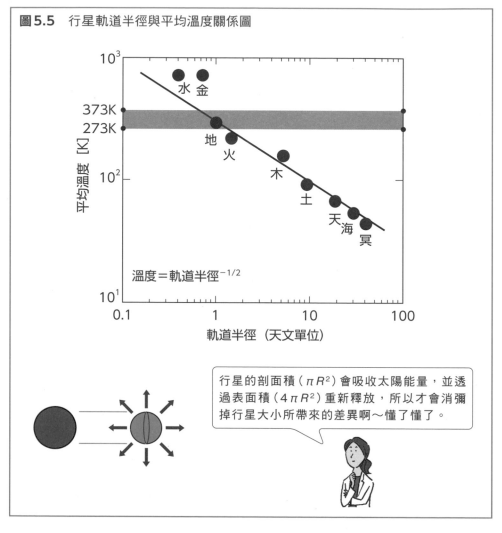

圖5.5　行星軌道半徑與平均溫度關係圖

$$溫度＝軌道半徑^{-1/2}$$

行星的剖面積（πR^2）會吸收太陽能量，並透過表面積（$4\pi R^2$）重新釋放，所以才會消彌掉行星大小所帶來的差異啊～懂了懂了。

　　為了供各位參考，這裡以水藍色框出水（H_2O）在1大氣壓力下，也就是液體狀態時0～100℃（273～373K）的溫度範圍。金星非常接近太陽，高溫炎熱，所以H_2O會變水蒸氣，火星距離太陽遙遠，極為寒冷，所以會結冰。反觀，地球與太陽的距離恰到好處，處於一個水能以液體形式存在的溫度範圍。換句話說，因為地球與太陽有著絕佳距離，才會擁有「海洋」這個禮物，並成為地球最大的特色。不過，「月球」與太陽的距離明明就和地球與太陽之間的距離一樣，可是月球卻不存在液態水，下一小節會針對太陽系天體具備液體

的條件作深入探討。

5.5 太陽系天體具備液體的條件

　　太陽系雖然很大，但目前已知行星或衛星表面存在液體的，只有地球上的水、土衛六（泰坦）表面的甲烷以及乙烷湖而已（第4章）。我們又該怎麼解釋這些差異呢？

　　圖5.6是橫軸為溫度，縱軸為壓力的圖表，可以看出氮氣、乙烷、二氧化碳、水在什麼樣的溫度及壓力條件下，是固體？液體？還是氣體？〔改編自Schenk & Nimmo（2016）〕。在熱力學裡，會把固相、液相、氣相共存時的平衡狀態稱為三相點，這裡特別把溫度及密度高於三相點，也就液相狀態的區域塗上顏色（例如H_2O的三相點為273.16K、約0.00612 bar）。圖中的**帶狀區域**就是各個星體存在

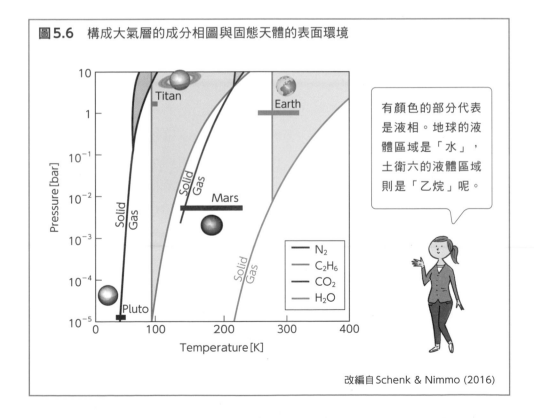

圖5.6　構成大氣層的成分相圖與固態天體的表面環境

有顏色的部分代表是液相。地球的液體區域是「水」，土衛六的液體區域則是「乙烷」呢。

改編自Schenk & Nimmo (2016)

的溫度範圍。以地球為例，1大氣壓力下的氣溫約為零下30℃～40℃（1大氣壓力≒1 bar、250～320K），H_2O會以固體（＝冰）～液體（＝水）的狀態存在。目前地球的大氣壓力比二氧化碳三相點的壓力（0.52MPa）還低，二氧化碳無法以液體狀態存在，所以固體的二氧化碳（乾冰）會直接變成氣體。「月球」和太陽的距離雖然與地球和太陽的距離一樣，不過因為月球的表面壓力非常低（10^{-12}～10^{-15}Pa），H_2O只能直接從固體（冰）變成氣體。

接著來看看火星（Mars）。目前火星的環境橫跨二氧化碳（紅色）固體～氣體區域，代表星球上會發生固體～氣體的昇華與凝固反應。其實火星的南極和北極的確有乾冰「極冠」，也是因為這個現象，讓極冠會隨著季節出現大小變化。由於目前火星的大氣壓力低於水的三相點，所以H_2O只能處於冰或水蒸氣狀態。2008年NASA的火星探測器鳳凰號（Phoenix）著陸火星並挖掘表土，成功觀測到H_2O從冰昇華成氣體的模樣。

根據近期Ojha et al.（2015）的資料，研究人員在NASA的火星勘測衛星「Mars Reconnaissance Orbiter（MRO）」搭載分光儀，觀測到火星表面撞擊坑的壁面上出現季節性的水痕，這意味著目前火星表土下的冰還是會溶解，並在短期間內以液態水的形式存在。勘測過程中其實沒有看見流水，但觀測水痕的含水礦物後，推測應是高濃度的鹽溶於H_2O，因此推測三相點會與一般的純水相異。

第4章有提到，我們曾在土衛六（泰坦）觀測到由甲烷與乙烷組成的湖泊。透過圖表可以得知，目前土衛六的表面環境（100K，1.5大氣壓力）正是乙烷處於固相－液相的交界區域。第9章會提到，固態天體材料物質所產生的氣體（水蒸氣、二氧化碳、氮氣、甲烷）就是大氣層的組成來源。火星和金星的大氣主要成分是二氧化碳，不過土衛六的環境溫度低，二氧化碳會直接變成冰，無法形成大氣層。取而代之的是火星與金星大氣成分第二多的氮氣，因此土衛六的大氣主要成分為氮氣，甲烷和乙烷則會形成液體湖泊。

那麼，距離太陽最遠的冥王星（Pluto）又是什麼情況呢？

2015年NASA的新視野號探測器非常接近冥王星，並實際觀測到冥王星覆蓋著成分中包含氮氣的大氣與冰層。冥王星的溫度及壓力都比土衛六更低，就連氫氣也會固化（**圖5.6**的黑色帶狀區域），所以能夠同時存在氫氣的大氣層與冰河。這些行星、衛星、矮行星的表層環境乍看之下非常多樣繽紛，不過只要針對與太陽距離有著高度相關的**溫度**、天體大小有著極深關係的**壓力**，並透過兩者相關性所決定的材料物質**相圖**加以釐清，應該就能發現這些天體都遵循著非常單純且共通的原則。大自然的安排實在很有趣呢。

5.6　大氣層的比較

　　本章最後要來比較一下行星的大氣層（**表5.2**）。以氣態巨行星與冰質巨行星來說，大氣層中含量最多的是氫，約80～96％，其次是氦，為3～20％。含量上多少有所差異，但基本上跟太陽的組成非常類似。反觀，類地行星在特性表現上卻相差甚遠。以火星、金星來說，成分最多的是二氧化碳（CO_2），占95～96％，接著是氮（N_2），約3～4％。不過地球的大氣層是由78％的氮與21％的氧所構成。水星則是沒有大氣層〔嚴格來說，受太陽能量的影響，水星雖然存在表面岩石所產生的揮發性元素，也就是鈉（Na）與鉀（K）的游離氣體（電漿），但含量非常稀薄，所以稱不上是大氣層〕。後續會在第9章談論行星大氣層多樣性的成因，這裡則是站在定性分析的角度，探討行星能夠具備怎樣

表5.2　太陽與行星的大氣成分比較

	1（％）		2（％）		3（％）	
太陽	H	90	He	9		
水星						
金星	CO_2	96	N_2	4		
地球	N_2	78	O_2	21	Ar	1
火星	CO_2	95	N_2	3	Ar	2
木星	H_2	90	He	10	CH_4	0.2
土星	H_2	96	He	3	CH_4	0.4
天王星	H_2	85	He	15		
海王星	H_2	81	He	19		

的大氣層。

　　物體擺脫天體引力，朝宇宙飛去的速度又稱為逃逸速度（escape velocity）。此速度取決於天體表面的萬有引力，也就是天體質量與大小的平衡表現。地球的逃逸速度為每秒11.2km。比較重要的特性表現，在於逃逸速度無關乎逃出物體的質量，不管是球體、氫分子（分子量＝2）還是二氧化碳（分子量＝44），速度都一樣。若橫軸為各行星的平均氣溫，縱軸為逃逸速度，並以○代表每顆行星，那麼可以得到**圖5.7**的結果。這時會發現一件很有趣的事，那就是縱軸相當於行星質量的排序，橫軸則幾乎和太陽的遠近距離一致（唯獨金星

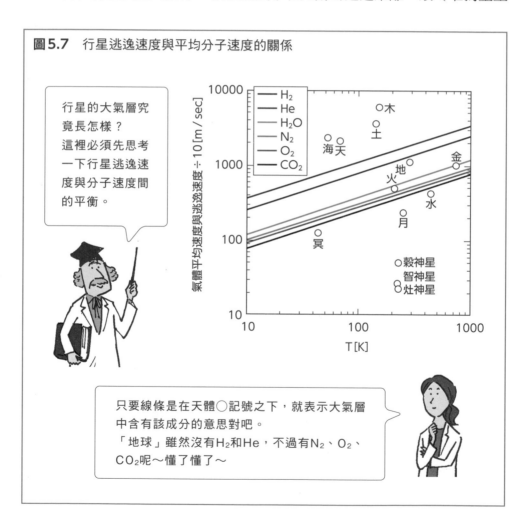

圖5.7　行星逃逸速度與平均分子速度的關係

行星的大氣層究竟長怎樣？
這裡必須先思考一下行星逃逸速度與分子速度間的平衡。

只要線條是在天體○記號之下，就表示大氣層中含有該成分的意思對吧。
「地球」雖然沒有H_2和He，不過有N_2、O_2、CO_2呢～懂了懂了～

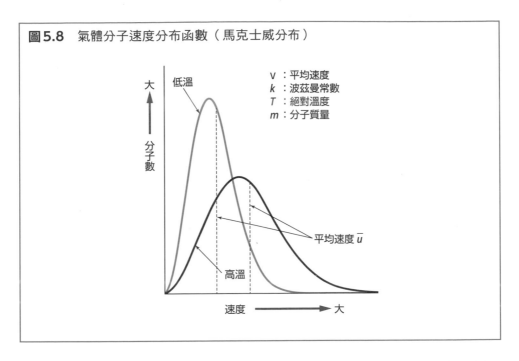

圖5.8　氣體分子速度分布函數（馬克士威分布）

V：平均速度
k：波茲曼常數
T：絕對溫度
m：分子質量

低溫

大　↑　分子數

平均速度 $\bar{u}$

高溫

速度　——→　大

因為有著厚厚的二氧化碳大氣層產生溫室效應，氣溫比水星高，所以是顛倒過來的）。

　　當分子質量為 m，平均分子速度為 v，k 為波茲曼常數，溫度為 T 時，單原子分子的動能可用 $\frac{1}{2}mv^2 = \frac{3}{2}kT$ 來表示。從中可以得知，當溫度固定，質量 m 愈小的分子平均速度會愈快。行星重力圈有無大氣流出，可根據分子的平均速度與行星逃逸速度的大小關係，以定性的角度加以說明。即便溫度固定，如果有分子的速度比平均速度快，就表示也有速度比較慢的分子，我們會將整個分子狀態稱為馬克士威分布（**圖5.8**）。即便是「**平均速度＜逃逸速度**」的情況，只要存在著比逃逸速度更快的分子，就算只占幾％，行星的大氣層還是會慢慢地朝外太空逃逸。為了從定性的角度理解各行星的大氣組成，**圖5.7** 將橫軸設為溫度，縱軸則代入各行星的逃逸速度與1/10的平均分子速度（請注意，1/10數值本身沒有任何物理上的意義）。透過圖形可以發現，木星、土星、天王星、海王星的逃逸速度遠比 H_2 或 He 平均分子速度的10倍還要大上許多，所以能維持住本身的逃逸速

度。反觀，地球、金星及火星雖然無法維持小分子量的H_2或He，卻能維持住較重的氣體（N_2、O_2、CO_2）。前面曾提到「水星體積太小，沒有足夠的引力抓住大氣層」，但其實還必須考量到分子平均速度（也就是溫度），所以從圖中也可看出，只要是距離太陽遙遠，溫度較低的區域，就比較能抓住質量重的大氣。如同4.4所述，與水星（半徑約2400km）相當大小的土衛六（泰坦，半徑約2600km）大氣成分包含了氮和甲烷。若要探討行星大氣層的實際狀態及逃逸到外太空後的狀態，就會涉及行星高層的對流、分子原子的光化學反應以及與太陽風的交互作用，內容極為複雜，這裡就讓給專門探討定量分析的書籍來解說囉。

第 6 章

星體演化與 輕元素的合成 （比鐵輕）

我們常聽聞「人類的身體是由星塵組成」的說法，不過這究竟是什麼意思？本章將探討生命材料物質的元素是如何形成。

6.1 星體誕生的條件

根據元素中占比最高的氫處於何種狀態，存在於外太空的氣體名稱也會跟著改變。如果是低溫區域，氫會以分子形式存在，所以稱作**分子雲氣體**。當溫度上升，分子變成原子時則稱為 **H I 氣體**。氫原子

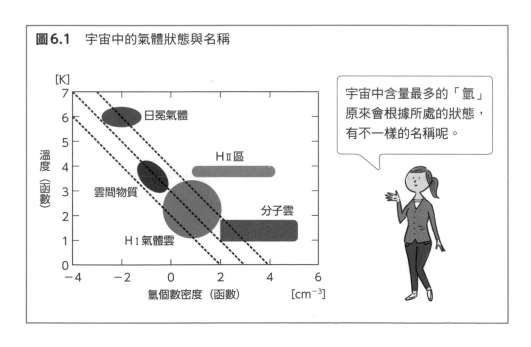

圖6.1 宇宙中的氣體狀態與名稱

宇宙中含量最多的「氫」原來會根據所處的狀態，有不一樣的名稱呢。

圖6.2　星體誕生的條件

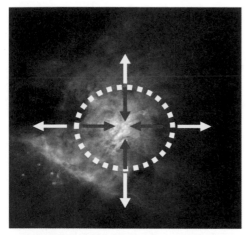

重力收縮與膨脹，
哪一方會贏呢？

以NASA圖片追加示意

游離成離子狀態時稱為 H Ⅱ 氣體。如**圖6.1**所示，星際氣體的溫度可以是分子雲的10K，也可以是日冕氣體的100萬度，差異達10萬倍。密度則是從每立方公分0.001個到10萬個，落差高達1億倍，所以在呈現上也非常多樣。那麼，星體究竟是從哪來的呢？這裡必須先討論一下星體誕生的條件。

　　一般來說，溫度變高氣體就會膨脹，因為分子和原子擁有相當於熱能的動能。同時，具備質量的物質會受重力影響相互拉扯（萬有引力）。星塵中是否能誕生星體，則是取決於熱能與重力位能間的平衡（**圖6.2**）。

　　這裡將星際氣體的質量視為M，大小視為R，溫度視為T，氫原子質量視為m_{H}，就能以定性角度列出星體誕生的條件算式。

$$\frac{GM^2}{R} > \frac{3}{2}\,kT\left(\frac{M}{m_{\mathrm{H}}}\right) \tag{6.1}$$

算式左邊的星際氣體重力位能（G是萬有引力常數）以及右邊所有氫原子擁有的熱能（≒動能），是從所有氣體中累計而來。換句話說，當收縮的重力位能（左邊）高於膨脹的動能（右邊）時，星體就會誕

生。將算式套入密度 $\rho = M/R^3$ 加以變換後，會得到

$$M > \left(\frac{kT}{G}m_{\mathrm{H}}\right)^{\frac{3}{2}} \Big/ \sqrt{\rho} \qquad (6.2)$$

這裡的 k、G、m_{H} 為常數，分子雲的既有物理量只有 M、T、ρ。以此算式探討某質量 M 的星際氣體時，溫度 T 愈低、密度 ρ 愈大的情況下，這個不等式就愈容易成立。換言之，**圖6.1** 的星際氣體相圖中，**低溫、高密度的分子雲**是比較容易誕生恆星的區域。分子雲中，又會特別把氫密度較高的區域稱為**分子雲核**。

6.2 星際氣體收縮的空間尺度與時間尺度

如果典型分子雲核的氫密度為 $n_{\mathrm{H}0} = 10^4$ 個$/\mathrm{cm}^3$，收縮前的分子雲氣體大小為 R_0，太陽半徑為 $R_\odot$，太陽密度為 $1.4\mathrm{g}/\mathrm{cm}^3$（全部都由氫原子組成的話，數密度 $n_{\mathrm{H}\odot} = 8 \times 10^{23}$ 個$/\mathrm{cm}^3$）的話，那麼收縮前後的氫原子數不會改變，

$$\frac{4}{3}\pi R_0{}^3 \times n_{\mathrm{H}0} = \frac{4}{3}\pi R_\odot{}^3 \times n_{\mathrm{H}\odot} \qquad (6.3)$$

上述算式也得以成立。接著還能得到

$$\frac{R_0}{R_\odot} = \left(\frac{n_{\mathrm{H}\odot}}{n_{\mathrm{H}0}}\right)^{\frac{1}{3}} = \left(\frac{8 \times 10^{23}}{10^4}\right)^{\frac{1}{3}} \sim 數百萬 \qquad (6.4)$$

那麼，如果要讓分子雲誕生出像是太陽般的星體，大概需要收縮成數百萬分之一。

不過，收縮過程又需要花費多少時間呢？這裡要探討的是半徑 R_0、質量 M 的分子雲收縮所需的時間。讓我們概算一下從距離 R_0 自由落體到質量 M 質點的時間（**圖6.3**）。這時自由落體時間 t_{free} 為

$$t_{\mathrm{free}} = \pi \sqrt{\frac{R_0{}^3}{8GM}} \approx \sqrt{\frac{3\pi}{32G_{n\mathrm{H}}}} \qquad (6.5)$$

不過可以發現很有趣的是，右邊並不受星際氣體大小或質量的影

圖6.3　從分子雲到原恆星誕生的時間尺度

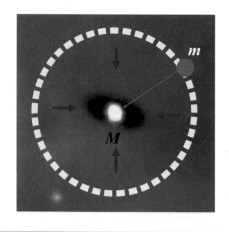

為了簡單起見，這裡先來思考一下物體筆直落至中心的運動模式

$$-\frac{GmM}{R_0} = \frac{1}{2}m\left(\frac{dr}{dt}\right)^2 - \frac{GmM}{r}$$

$$\left(\frac{dr}{dt}\right) = -\sqrt{2GM\left(\frac{1}{r} - \frac{1}{R_0}\right)}$$

$$t_{free} = \int_{R_0}^{0}\left(\frac{dt}{dr}\right)dr = -\sqrt{\frac{R_0}{2GM}}\int_{R_0}^{0}\sqrt{\frac{r}{R_0-r}}dr = \pi\sqrt{\frac{R_0^3}{8GM}}$$

響，能直接只用氫的數密度 n_H 來呈現。代入分子雲核典型的數密度，也就是 $n_H = 10^3 \sim 10^4$ 個 $/cm^3$ 的話，就能發現分子雲核的收縮時間為數十～數百萬年不等。但也因為星際間存在磁場，分子雲中的氣體團塊帶有角動量，會對收縮形成阻力，不過這裡所說的概算值，基本上和隕石中短半衰期核種痕跡所得到的推測一致，也就是「從最後的元素合成到固態粒子的形成，其時間尺度為數百萬年」（11.3節）。其實，分子雲在分裂成數個團塊的同時也誕生了多顆恆星，形成星團及聚星（multiple star system）。

6.3　星際氣體收縮伴隨的中心溫度上升

當質量 M 的球狀氣體達重力平衡時，其中心溫度又會是多少呢？假設半徑 R 的星體內部 r 處於重力平衡狀態，且密度 ρ 固定時，（$M = \frac{4}{3}\pi R^3 \rho$），$P(r)$ 若為球狀氣體內部的壓力分布，就要乘以

$$\frac{dP(r)}{dr} = -\frac{G \times M(r) \times \rho(r)}{r^2} = -\frac{G \times \frac{4}{3}\pi r^3 \rho \times \rho}{r^2} \tag{6.6}$$

積分後的結果為

$$P(r) = -\frac{3GM^2}{8\pi R^6} \times r^2 + 積分常數 \tag{6.7}$$

這時把 $r=0$ 的中心壓力視為 P_c，$r=R$ 時的壓力視為 $P(R)=0$，將能得到 $P_c = \dfrac{3GM^2}{8\pi R^4}$ 。

接著，假設星體中心的氣體狀態方程式（$PV=nR_gT$）成立。那麼把氣體常數視為 R_g、亞佛加厥數視為 N_A、氫原子質量視為 m_H 的話，就能寫成 $V \times \rho = N_A \times n \times m_H$，這時星體的中心溫度將是

$$T_c = \frac{P_c V}{nR_g} = \frac{N_A m_H}{2R_g}\frac{GM}{R} \tag{6.8}$$

右邊第一項的（$N_A m_H/2R_g$）為常數，由此可知，重力處於平衡狀態的星體中心溫度，將取決於該星體的重力勢（GM/R：星體質量 M 與半徑 R 的比）。

另外，站在定性的角度也可從上述算式中，理解到當星際氣體質量固定（$=M$），從分子雲核（$10K$、10^4 個 $/cm^3$）到如太陽般的恆星（$\rho = 1.4 \text{ g/cm}^3$）都收縮至數百萬分之一的話，氣體中心溫度則會上升數百萬倍，達 10^7K。實際上恆星內部存在質量轉移（對流），愈接近星體中心，密度愈大，上述說法或許沒有非常嚴謹，不過，將太陽質量 $M_\odot = 2 \times 10^{33}$ g、太陽半徑 $R_\odot = 7.0 \times 10^{10}$ cm 代入算式 6.8 所得到的太陽中心溫度 Tc $= 1.2 \times 10^7$K，與詳細計算出的理論值 $T_c = 1.6 \times 10^7$ K 頗為一致，因此稱得上是符合定性論述的概算。

6.4 氫燃燒

我們都知道，日常生活中帶有正電荷的 H^+ 離子會因為庫倫力而彼此相斥。不過，當星體中心溫度上升至 10^7K 時，H^+ 離子群會克服庫倫力，並從 4 個氫原子（H）融合成氦原子（He）。有趣的是，比較氫的核融合反應，或稱**氫燃燒**前後的質量變化，會發現反應後的質量減少（$m_{He} < 4m_H$）。這也代表星體能夠閃閃發亮，都要多虧了質

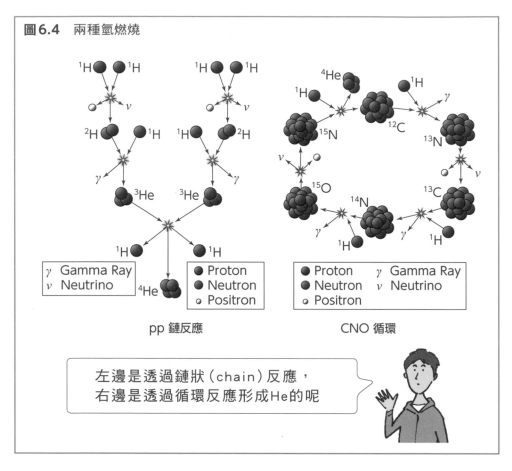

圖6.4　兩種氫燃燒

γ Gamma Ray
ν Neutrino

● Proton
● Neutron
○ Positron

● Proton　　γ Gamma Ray
● Neutron　　ν Neutrino
○ Positron

pp 鏈反應　　　　　　　CNO 循環

左邊是透過鏈狀（chain）反應，
右邊是透過循環反應形成He的呢

量減損所形成的能量 $\Delta E = \Delta m \cdot c^2 = （4m_{氫} - m_{氦}）\cdot c^2$。兩者間的相關又可稱為**質能等價**，是由愛因斯坦所提出。

　　4H→He的氫燃燒又可分成兩種反應。一是氫原子產生連鎖反應的**質子—質子鏈反應（pp鏈）**，還有以碳（C）、氮（N）、氧（O）為催化劑的**CNO循環**（**圖6.4**）。兩種反應每單位時間、單位質量的能量產生率如下所示。

$$\varepsilon_{pp} = 4.4 \times 10^5 \rho X_H^2 T_7^{-2/3} \exp（-15.7 T_7^{-1/3}）\qquad（erg/g/sec）\qquad（6.9）$$

$$\varepsilon_{CNO} = 1.7 \times 10^{27} \rho X_H X_{CNO} T_7^{-2/3} \exp（-70.5 T_7^{-1/3}）\qquad（erg/g/sec）\qquad（6.10）$$

這裡 ρ 是指氣體密度、X 是原子數比、T_7 則代表以1千萬度為單位的溫度。因為H和H的衝突反應，pp鏈反應的能量轉換效率 ε_{pp} 會以

圖6.5 氫燃燒時，溫度對能量產生效率的影響程度（金屬豐度為0.02時）

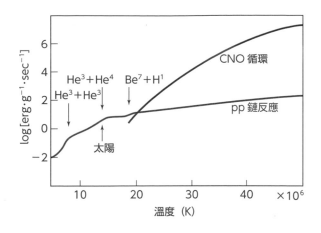

出處：「宇宙物理學」（朝倉現代物理學講座）

X_H^2 的形式成正比變化。CNO循環的H和CNO元素會有衝突反應，所以能量轉換效率 ε_{CNO} 會與 $X_H X_{CNO}$ 成正比。另外，CNO循環是 C^{6+} 或 H^+ 這類高游離原子的核融合反應，若溫度無法高於 H^+ 和 H^+ 的反應，將起不了任何作用。因此，星體中心溫度的高低，會對能量發生機制形成的反饋帶來差異（**圖6.5**）。以中心溫度1600萬度的太陽來說，CNO循環的反饋較小，因此會導向pp鏈反應。如果是中心溫度超過2千萬度的中高質量星體內部，將會導向CNO循環。不過，大霹靂不久所產生的第一代恆星沒有C、N、O（$X_{CNO}=0$），所以高溫也不會產生CNO循環，pp鏈反應便成了主要的氫燃燒過程。

6.5 質量與光度的關係以及星體壽命

觀測星體時，會發現主序星階段的恆星愈重，星體就愈明亮閃耀，若質量為 M、光度為 L 時，可以得到 $L \propto M^{3.5}$ 的關係（**圖6.6**光度-質量關係）。愈重的星體中心溫度會愈高，能量產生率也高，所以會更加耀眼閃亮。

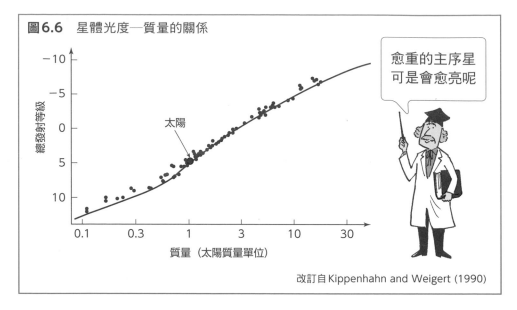

圖6.6 星體光度─質量的關係

縱軸：總發射等級
橫軸：質量（太陽質量單位）

太陽

愈重的主序星可是會愈亮呢

改訂自 Kippenhahn and Weigert (1990)

　　這裡來探討一下星體的壽命。2.1節有提到，會燃燒氫的恆星壽命與氫燃料量（M）成正比，與能量產生率（L）成反比。不過，又因為星體質量與光度存在著 $L \propto M^{3.5}$ 的關係，最終來說，星體的壽命（$\tau_{壽命}$）會是

$$\tau_{壽命} \propto \frac{M}{L} \propto \frac{M}{M^{3.5}} \propto \frac{1}{M^{2.5}} \qquad (6.11)$$

　　從公式中可以看出，質量M愈大的星體壽命愈短。2.1節也有提到，太陽的壽命為100億年，那麼根據公式6.11，星體質量變成2倍後，壽命就會縮短成18億年，因此目前實際存在且質量為太陽40倍的星體頂多只有數百萬年的壽命。

6.6　從主序星到紅巨星

　　當我們不經意地抬頭遙望夜空星星時，會發現星星有亮、有暗，有紅星還有銀白色的星星。其實星星的明亮與顏色是在探討「星體演化」時，非常關鍵的物理量。明亮度代表恆星在單位時間內產生的能量，顏色則代表天體的表面溫度。因此在探討星體演化時，常使用橫

軸為溫度，縱軸為光度的赫羅圖（Hertzsprung-Russell Diagram，簡稱HR圖）。觀察赫羅圖上的恆星分布，會發現大部分的恆星坐落於左上（明亮高溫）延伸至右下（暗淡低溫）的「帶子」上，這些星體又名為「主序星」。像太陽一樣，中心處會穩定進行氫核融合反應的星體都屬於主序星。如前方所述，主序星存在光度-質量關係，因此主序帶左上方愈明亮的星體質量愈重，右下方愈暗淡的星體質量愈輕。太陽則位處接近主序帶的中間位置。

當主序星的氫不斷燃燒，最終星體中心處的氫會燃燒殆盡，轉變為核融合所形成的氦核心，以及包覆著核心的氫外層。隨著這樣的轉變，氫燃燒的位置也會從原本的星體中心移至氦核心的周圍。氦核心其實不具備維持核心的能量，必須透過重力收縮產生重力位能，讓周

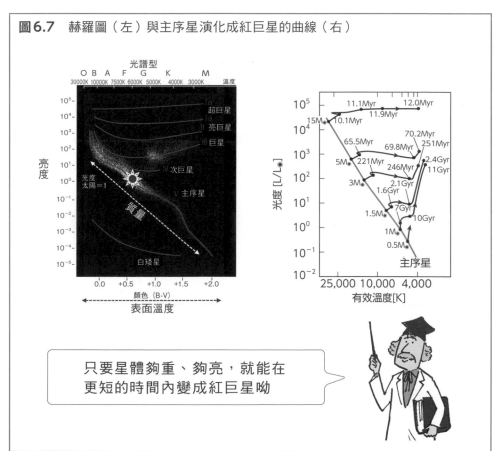

圖6.7 赫羅圖（左）與主序星演化成紅巨星的曲線（右）

只要星體夠重、夠亮，就能在更短的時間內變成紅巨星呦

表6.1 質量為太陽20倍的星體核融合反應

原核種	形成核種	次生核種	溫度 T (10^9K)	期間 (yr)	主要反應
H	He	^{14}N	0.037	8.1×10^6	$4H \to {}^4He$（CNO循環）
He	O, C	^{18}O, ^{22}Ne, s-Process	0.19	1.2×10^6	$3{}^4He \to {}^{12}C$ $^{12}C + {}^4He \to {}^{16}O$
C	Ne, Mg	Na	0.87	9.8×10^2	$^{12}C + {}^{12}C \to \cdots$
Ne	O, Mg	Al, P	1.6	0.60	$^{20}Ne \to {}^{16}O + {}^4He$ $^{20}Ne + {}^4He \to {}^{24}Mg$
O	Si, S	Cl, Ar, K, Ca	2.0	1.3	$^{16}O + {}^{16}O \to \cdots$
Si	Fe	Ti, V, Cr, Mn, Co, Ni	3.3	0.031	$^{28}Si \to {}^{24}Mg + {}^4He\cdots$ $^{28}Si + {}^4He \to {}^{24}Mg\cdots$

圍的氫燃燒區域溫度上升。如公式（6.9）、（6.10）所示，氫燃燒的能量產生率（ ε_{pp} 、 ε_{CNO} ）與溫度成高度相關，溫度攀升至1.5倍的話，產生的能量會變100～1000倍，使星體外層大幅膨脹。出現此現象時，星體就會從主序星演化至赫羅圖右上方的區域（紅巨星）。星體質量愈重，從主序星演化至紅巨星的時間尺度就會愈快，以質量為太陽15倍（ $15M_\odot$ ）的星體為例，大約1千萬年就能演化成紅巨星（**圖6.7**）。

6.7 星體的盡頭與釋出質量

恆星內部能合成出多重的元素，其實取決於星體誕生時的質量。愈重的星體中心溫度就愈高，較重的原子核能產生庫倫力較大的核融合反應。一般來說，當恆星質量小於太陽質量8倍（ $8M_\odot$ ），氦核心的中心溫度可達2億度左右，這時 $3{}^4He \to {}^{12}C$（氦燃燒），接著會形成 $^{12}C + {}^4He \to {}^{16}O$ 。 ^{12}C 、 ^{16}O 雖然會核融合，但因為溫度無法達到讓碳燃燒的6～9億度，最終，碳核心會變成主成分為碳的白矮星，結束身為星體的一生（**圖6.8**）。接著星體外層會朝外太空散去，形成行星狀星雲。

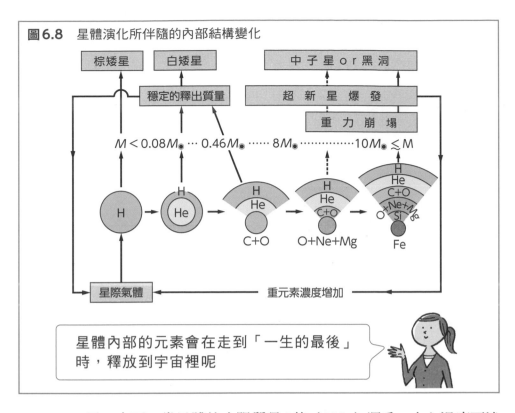

圖6.8 星體演化所伴隨的內部結構變化

星體內部的元素會在走到「一生的最後」時，釋放到宇宙裡呢

　　另一方面，當星體比太陽質量8倍（$8M_\odot$）還重，中心溫度可達6～9億度，那麼$^{12}C+^{12}C$或$^{16}O+^{16}O$這類重元素會產生核燃燒，目前認為像這樣的核融合反應最終會發展成鐵（Fe）元素（圖6.8、表6.1）。不過，如果是質量數比鐵的56還重的元素，那麼在恆星內部不會產生該元素的核融合反應。因為鐵的原子核最穩定，如果要從氫元素一路合成為^{56}Fe，就必須**產生能量（發熱反應）**，但想要形成比鐵還重的元素，就必須**有能量（吸熱反應）**。換言之，形成比^{56}Fe重的元素核融合反應，無法提供能量來抵抗星體內部的重量收縮。

　　當鐵核心的中心溫度達40～50億度，鐵就會出現下述的**光分解作用**，最後引發**重力崩塌型的超新星爆發（II型超新星）**。

$$^{56}Fe + \gamma\,線 \to 13\,^4He + 4n$$

$$^4He + \gamma\,線 \to 2p + 2n$$

$$p + e^- \to n + \nu$$

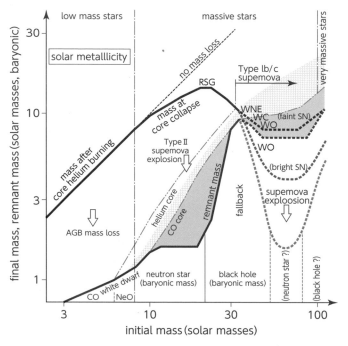

圖6.9 星體演化的最終形態與回歸星際空間的氣體量（金屬豐度為0.02時）

改訂自Heger and Woosley（2002）

當星星走到「一生的最後」，基本上所有的質量（70～90%）又會再次回歸宇宙呢

　　在即將爆炸前，星體內部以鐵為中心的元素雖然會是層狀結構（像是洋蔥），但爆炸將使鐵層的外圍結構飄散至外太空。鐵核心則會變成中子星或黑洞，走向一生的盡頭。恆星最終形態的白矮星（密度：$10^4 \sim 10^7 \mathrm{g/cm^3}$）、中子星（密度：$\sim 10^{14} \mathrm{g/cm^3}$）及黑洞一般又會統稱為**緻密星**。

　　那麼，星體演化到最後，會有多少質量的氣體回歸外太空呢？**圖6.9**是Heger and Woosley（2002）的模擬計算結果（在天文學裡，會把氫、氦以外的元素統稱為**金屬豐度**。此模擬中假設金屬豐度跟太陽一樣都是2％）。圖裡的橫軸為星體誕生時的質量，縱軸為每顆恆

星最後階段的質量，紅線為可以看出星體最終階段，也就是白矮星、中子星與黑洞的質量。圖中還有一條寫著「no mass loss」，往右上方延伸的直線，意指星體完全不會釋放質量的情況。質量為太陽3～8倍（$3 \sim 8\ M_\odot$）的星體最終會變成質量$1 \sim 2\ M_\odot$的白矮星（white dwarf），最多則會將質量為太陽6倍（$6\ M_\odot$）的氣體回歸外太空。此外，質量為太陽8～20倍（$8 \sim 20\ M_\odot$）的星體最後會變成$1.4 \sim 2$ $M_\odot$的中子星，在超新星爆發的作用下，最多會將質量為太陽18倍，也就是原本星體質量80～90％的氣體釋回外太空。釋出的氣體包含了核融合反應產生的Fe、C、O、Ne、Mg、Si等元素，甚至比超新星爆發時合成的鐵還要多（將於下一章詳細解說）。透過「星際氣體→恆星→緻密星與星際氣體」的大規模物質循環，比星際氣體中的碳還要重的元素（金屬豐度）也會跟著慢慢增加（**圖6.10**）。針對宇宙的化學成分隨著時間又會出現怎樣的變化，將於第8章作解說。

圖6.10 星星的一生（輪迴）

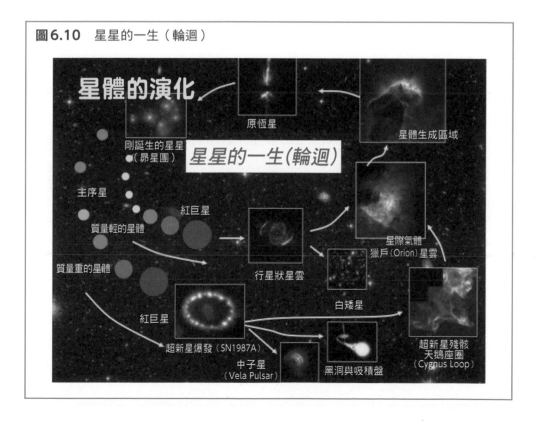

第7章

星體演化與重元素的合成（比鐵重）

上一章談完了由氦（He）轉變為鐵（Fe）的核融合反應。這裡要來解說比鐵還重的元素是怎麼形成的？

7.1 顯示原子核質子數與中子數平衡狀態的核種圖

如果要探討比鐵還重的元素合成，使用橫軸為原子核中子數 N，縱軸為質子數 Z 的「核種圖」會更為方便。所謂「形成重元素」，是指在核種圖中從左下邁至右上的過程。隨著原子質量變重，能穩定存在元素的區域（紫色區域）就會朝 45 度斜線的右側位移（也就是中子相對較多的一邊）。以輕元素為例（^{12}C、^{16}O、^{14}N 等），這些元素的質子與中子數多半相等，如果逐漸變成 ^{39}K、^{96}Mo 這類重元素，原子核中的中子數占比就會增加。

7.2 中子捕獲過程

第 6 章探討的核融合反應無法形成比鐵還要重的原子核。想要透過核融合反應合成出比鐵還重的原子核，那就必須克服正離子間的斥力，且溫度要高到能讓原子核彼此靠近。不過，星體中心的溫度達到 40 億度時，鐵本身會因為高溫引起光分解作用，並分解成輕元素（氦等）。要怎樣才有辦法形成比鐵重的元素呢？這時，不受電荷斥力影響的中子捕獲過程就非常重要。中子捕獲過程可分成**中子慢捕獲**

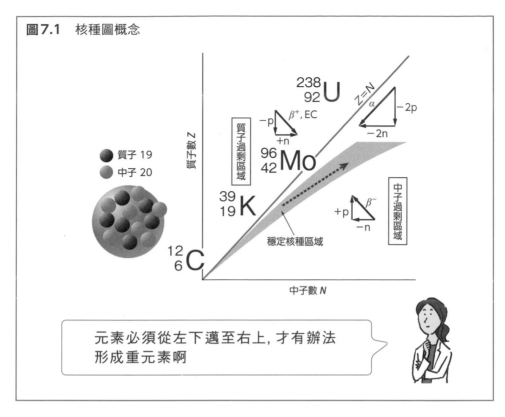

圖7.1　核種圖概念

質子數 Z

$^{238}_{92}$U

Z=N

β^+, EC

$-p$　$+n$

$-\alpha$　$-2p$　$-2n$

質子過剩區域

● 質子 19
● 中子 20

$^{96}_{42}$Mo

$^{39}_{19}$K

中子過剩區域

$+p$　β^-　$-n$

穩定核種區域

$^{12}_{6}$C

中子數 N

元素必須從左下邁至右上，才有辦法形成重元素啊

過程（**圖7.2**上）和**中子快捕獲過程**（圖7.2下），圖中的●代表穩定核種，○是不穩定核種。

首先來關注圖7.2上方的穩定核種^{90}Zr（原子序40的鋯）。當^{90}Zr捕獲1個中子時，原子核裡的質子數不變，那麼中子數就會多1個，並往右前進1個單位，變成穩定核種^{91}Zr。如果再捕獲1個中子，就會繼續往右前進，變成穩定核種^{92}Zr。這時，再捕獲1個中子時會怎樣呢？情況會一樣，往右前進1個單位，變成^{93}Zr，但^{93}Zr是不穩定核種，半衰期來到160萬年時會引起β衰變（貝他衰變），變成左上方原子序41的穩定核種^{93}Nb（鈮）。因為中子會衰變成質子和電子（β射線），使質子增加1個，中子減少1個。如果^{93}Nb繼續捕獲中子，就會變成不穩定核種^{94}Nb，隨之產生β衰變，形成原子序再大1號的穩定核種^{94}Mo（原子序42的鉬）。不過，如果不穩定核種^{93}Zr能在β衰變前捕獲下一個中子，就能變成穩定核種^{94}Zr。當β衰

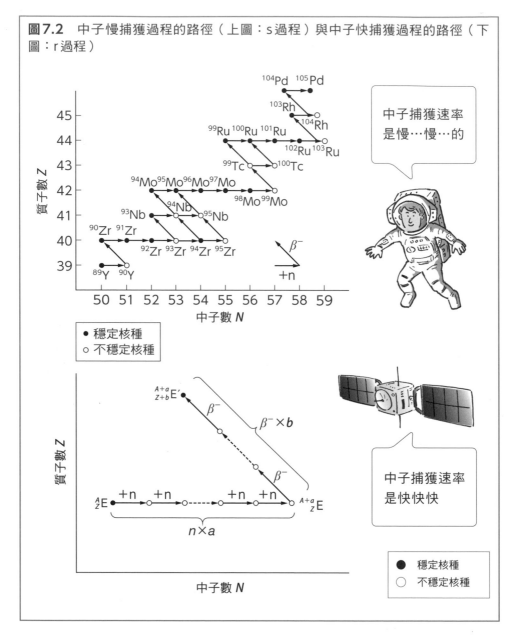

圖7.2 中子慢捕獲過程的路徑（上圖：s過程）與中子快捕獲過程的路徑（下圖：r過程）

變典型的時間尺度比捕獲下一個中子時間還**慢**，就會不斷重複 β 衰變與捕獲中子的過程，由左下到右上呈**階梯狀**前進並形成重元素。此過程取「緩慢」英文slow的s，所以又名為**s-process（s過程）**。

如果不穩定核種能在 β 衰變前**快速**且持續捕獲中子，那麼核種圖裡的箭頭就會不斷往右前進，接著連續產生 β 衰變，最後回到原子核的穩定區域（圖7.2右）。因為中子捕獲速率**快於** β 衰變的時間尺度，所以取rapid的r，名為**r-process（r過程）**。

　　想要引起中子捕獲反應，就必須存在未固定於原子核裡的自由中子。一般而言，中子在原子核裡很穩定，單獨存在時壽命頂多就15分鐘。如果想透過中子捕獲反應有效率地形成重元素，勢必要有個能生成大量中子的特殊環境。

7.3　形成中子慢捕獲過程（s過程）的環境

　　目前認為能形成中子慢捕獲過程（s過程）的地點，必須是小於8倍太陽質量，演化進入末期的中小質量星體—漸近巨星支（又稱AGB星，Asymptotic Giant Branch Star）〔Maercker et al.（2012）〕。AGB星內部有個不活躍的C、O核心，外面包覆著氦層，氦層外側還有氫層，而氫層底部會出現氫燃燒（$4H \rightarrow {}^4He$），形成能量（**圖7.3**左方）。過了1萬～10萬年，當氦（He）充分累積達到臨界值，氦層底部會開始燃燒數年到百年不等（$3{}^4He \rightarrow {}^{12}C$），接著再回到以氫燃燒為主的狀態。**圖7.3**右方是將AGB星氦層周圍的時間變化予以模式化的結果〔Stranier et al.（2014）〕。其過程就像傳統日本庭院中常見的造景「添水」一樣，氫燃燒會慢慢累積氦，當氦達到臨界值，就會短暫發生氦燃燒，此現象又名為**氦殼閃**（helium shell flash）。

　　讓我們再把話題拉回中子慢捕獲過程（s過程）。目前學者們認為，AGB星演化時會出現2種s過程。1是**氦殼閃過程中**，${}^{22}Ne + {}^4He \rightarrow {}^{25}Mg + n$反應形成中子後，此中子造成的s過程。另1種則是**氦殼閃與氦殼閃期間**出現${}^{13}C + {}^4He \rightarrow {}^{16}O + n$反應後，由產出中子所帶來的s過程。前者形成條件必須是高溫、高中子密度的狀態，所以期間短暫（中子密度～ $10^{8\text{-}10}cm^{-3}$，溫度>2.5億度，持續期間～數年）。反觀，後者的中子捕獲過程只要符合中子密度$10^6 \sim 10^7cm^{-3}$，

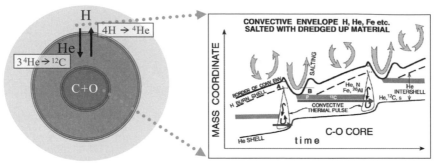

圖7.3　Asymptotic Giant Branch星氦層附近的時間演化及中子慢捕獲過程

Quoted from Lattanzio and Lugaro (1997)

(1) 氦殼閃過程中，氦層底部，$^{22}Ne + {}^{4}He \rightarrow {}^{25}Mg + $中子
　　$N_n \sim 10^{8\text{-}10}cm^{-3}$，$T > 25keV$，$\sim 10^{0}yr$

(2) 氦殼閃與氦殼閃期間，氦層上方，$^{13}C + {}^{4}He \rightarrow {}^{16}O + $中子
　　$N_n \sim 10^{7}cm^{-3}$，$T = 8 \sim 10keV$，$\sim 10^{4}yr$

溫度約1億度的環境，就能持續1～10萬年左右。不過，這2種s過程都無法形成比原子序83的鉍（Bi）還要重的元素。因為，當鉍捕獲中子後就會引發放射性衰變，變回原子序82的鉛（Pb）。

　　實際上，透過對AGB星的分光分析，的確也在恆星表面找到s過程產生的元素，其中包含了半衰期21萬年、原子序43的鎝（Tc），以及半衰期17.7年、原子序61的鉕（Pm）。由此可知，於氦層形成的s過程元素透過對流被運往星體表面的時間尺度充其量不過100年左右〔Merrill（1952）；Cowley et al.（2004）〕。另外，研究學家從隕石的拱星塵雲（circumstellar dust）中，同樣發現了s過程產生的核種。透過同位素比值分析，探討太陽系形成前就存在的AGB星內部要在何種溫度、密度條件下才會產生中子捕獲過程的研究亦是相當盛行〔Savina et al.（2004）、Terada et al.（2006）〕。

7.4 形成中子快捕獲過程（r過程）的環境

　　另外，若要形成速率比 β 衰變的時間尺度還快的中子捕獲過程（r過程），就要具備高中子密度（$>20^{20}\text{cm}^{-3}$）。過去研究認為，要在超新星爆發時才有機會形成這樣的環境。第6章也有提到，大質量星體在最終階段會光分解^{56}Fe，生成大量中子。不過，近期研究卻又發現，超新星爆發後中子會立刻枯竭，頂多只能形成原子序56的鋇（Ba）〔**圖7.4-1**，Wanajo et al.（2013）〕。反觀，中子星體彼此合併時會生成過剩的中子，甚至能形成原子序92的鈾（U）〔圖7.4-2，Wanajo et al.（2014）〕。

　　作者執筆本書的2017年秋天，研究學家更首度發表偵測到雙中子星（GW170817）合併所產生的重力波〔**圖7.5**，Bloom & Sigurdsson

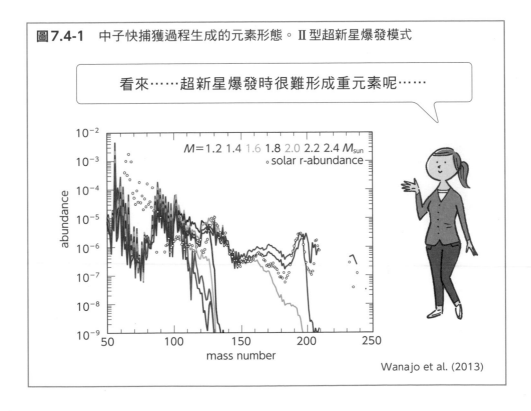

圖7.4-1 中子快捕獲過程生成的元素形態。Ⅱ型超新星爆發模式

看來……超新星爆發時很難形成重元素呢……

M=1.2 1.4 1.6 1.8 2.0 2.2 2.4 M_{sun}
solar r-abundance

abundance / mass number

Wanajo et al. (2013)

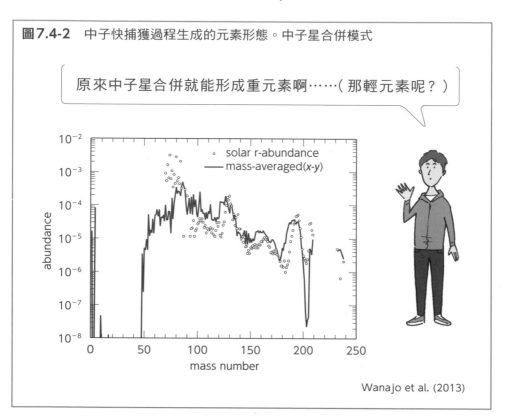

圖7.4-2 中子快捕獲過程生成的元素形態。中子星合併模式

原來中子星合併就能形成重元素啊……（那輕元素呢？）

Wanajo et al. (2013)

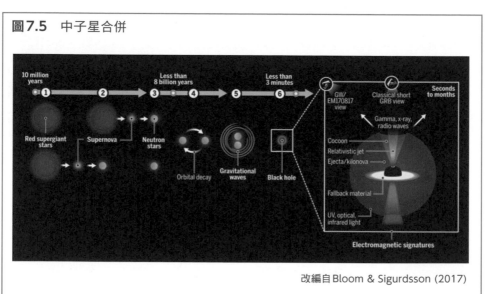

圖7.5 中子星合併

改編自Bloom & Sigurdsson (2017)

（2017）〕。後續也透過多波段觀測，發現可見光及近紅外線絕滅曲線的特徵都和重元素合成模式的計算結果一致〔Pian et al.（2017）；Tanaka et al.（2017）〕。各位或許會感到很意外，其實研究人員是近期才偵測到重元素其實是從中子星合併形成的。

7.5 太陽系裡的 s 過程核種與 r 過程核種

針對比鐵重的重元素，前面提到常見形成過程包含了在輕星體合成的 s 過程核種，以及在重星體合成的 r 過程核種。那麼，我們所處的太陽系又分別混有多少占比的 s 過程核種與 r 過程核種呢？

圖 7.6 為原子序 56 鋇（Ba）周圍的核種圖。圖中以粗黑線代表 s 過程的路徑，紅線代表 r 過程路徑。可以發現一件很有趣的事，那就是 ^{135}Ba、^{137}Ba、^{138}Ba 都可以畫出黑線與紅線路徑，但 ^{134}Ba 及 ^{136}Ba 卻隱身於穩定核種 ^{134}Xe 及 ^{136}Xe 之後，無法連出完整的紅線（Xe 是原子序 54 的氙）。由此可知，太陽系的 ^{135}Ba、^{137}Ba、^{138}Ba 是 s 過程與 r 過程的混合物，但 ^{134}Ba 及 ^{136}Ba 只能從 s 過程獲得。

把這些只能透過 s 過程得到的核種擷取出來，將其原子序與豐度乘以捕獲過程的剖面積，就能得到**圖 7.6** 的下圖。將 AGB 星的內部溫度與中子密度視為自由參數，並與**圖 7.6** 的下圖作擬合，便能得知太陽系 s 過程核種生成的環境條件為中子密度（1.1 ± 0.6）$\times 10^8$ 個 / cm^3，溫度則為 2.7 億度左右〔Howard et al.（1986）〕。

以上述方式得到 s 過程核種的物理環境條件後，接著就能算出構成太陽系的 **s 過程核種究竟有多少原子數**（$N_{s \text{核種}}$）。從整個太陽系的化學組成扣除 s 過程核種後，便能得到剩餘的 r 過程核種（$N_{r \text{核種}} = N_{\text{整個太陽系}} - N_{s \text{核種}}$）。透過這種方式，便能像**圖 7.7** 的上圖一樣，將太陽系元素區分成 s 過程核種和 r 過程核種，結構比例可參照圖 7.7 的下圖。構成太陽系的元素中，有將近 9 成的稀土元素（Eu、Gd、Tb、Dy、Ho、Er、Tm）和鉑系金屬（Re、Os、Ir、Pt、Au）為 r 過程核種合成的元素，鈾（U）、釷（Th）更是百分之百 r 過程核種

元素。反觀，Sr、Y、Zr、Ba、La、Ce、Pb這些元素有近8成是s過程核種，也就是AGB星的起源。

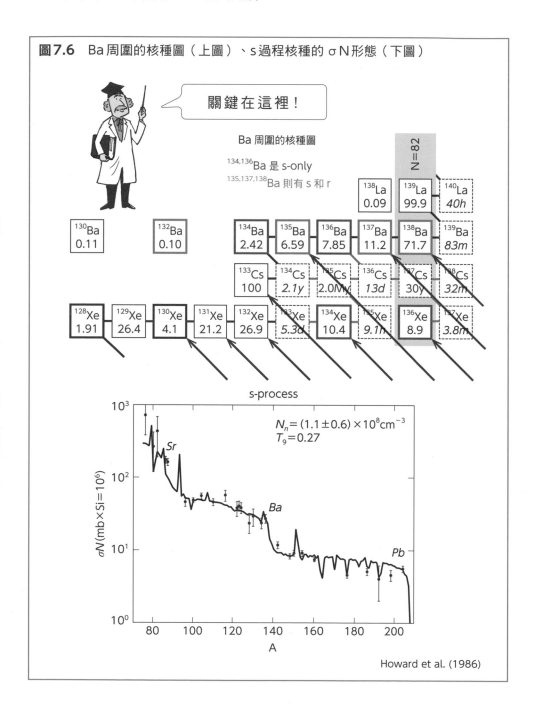

圖7.6 Ba周圍的核種圖（上圖）、s過程核種的σN形態（下圖）

關鍵在這裡！

Ba 周圍的核種圖

^{134,136}Ba 是 s-only

^{135,137,138}Ba 則有 s 和 r

Howard et al. (1986)

圖7.7 太陽系的s過程核種和r過程核種豐度形態。絕對豐度與相對豐度（下圖）

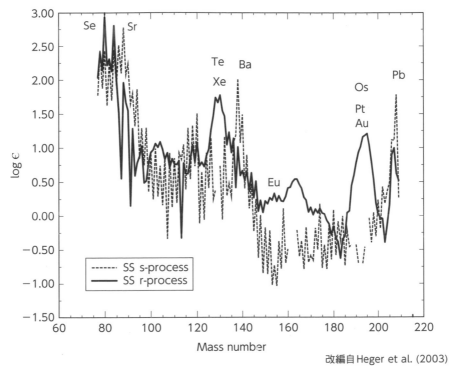

改編自 Heger et al. (2003)

太陽系中 s 核種與 r 核種的比例

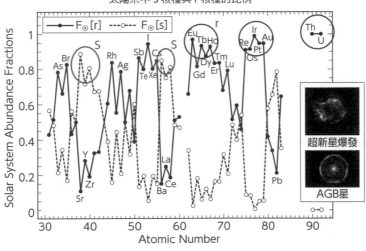

大霹靂到太陽系誕生的92億年期間所累積的合成元素，便是構成太陽系的元素，照理說圖7.7上方的r過程核種模式會是許多r過程天體現象的累積結果。銀河系中名為「貧金屬星」（metal-poor star）的星體元素合成累積次數頂多就1次或數次。但很令人驚訝的是，太陽系r過程元素的模式和宇宙初期誕生的貧金屬星元素模式極為一致〔Sneden et al.（2003），**圖7.8**〕。這也意味著無關乎時代、地點、天體特性表現，r過程的物理環境是一樣的，又稱為「r過程普遍性」（Universality of the r-process）。

不過，近期研究學家又發現中子星合併也會合成r過程核種，因此當中的謎團又變得更難解。貧金屬星和太陽的r過程核種如果分別由不同起源的2種成分混合而成，那麼普遍性論述就難已成立。今後若能增加直接觀測r核種合成的中子星合併的機會，將有機會更深入探討銀河系尺度中，恆星與星際氣體元素循環吧。

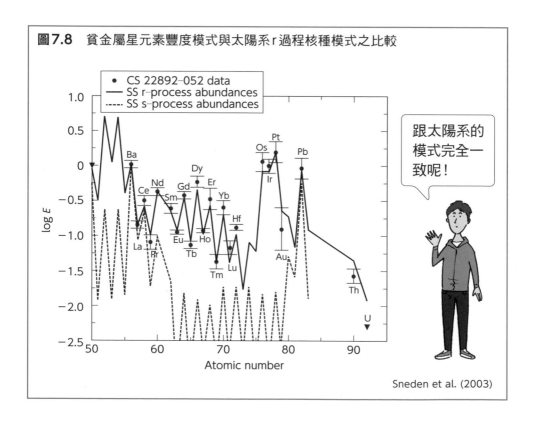

圖7.8　貧金屬星元素豐度模式與太陽系r過程核種模式之比較

Sneden et al. (2003)

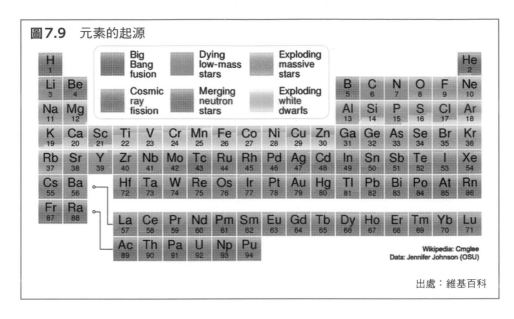

圖7.9 元素的起源

出處：維基百科

　　本章最後也彙整出構成太陽系的90多種元素是歷經怎樣的物理過程而來的（**圖7.9**）。

第8章

銀河化學演化與太陽結構

大霹靂後，無數顆星體藉由不斷地誕生與死亡，增加了宇宙重元素的含量。本章將探討宇宙化學演化過程中，我們的母星「太陽」究竟是顆不足為奇的星體，或是非常獨一無二？或許還能找到「太陽」不為人知的特徵呢。

8.1 聚星的演化與I型超新星爆發

前面我們主要聚焦在單顆星體的誕生與死亡。但其實星體誕生於分子雲時，也會同時形成數個名為星團的群體。其中，受到彼此引力影響，且會圍繞著同一中心公轉，為數達2顆以上的恆星系統又稱為聚星。目前認為宇宙約7成的恆星都屬於聚星。如果是星體距離相近的**緊密雙星**（close binary），彼此更會以互相交換物質的方式共同演化。

這裡就舉質量為2～3顆太陽質量（$M_\odot$）的恆星A與6～8顆太陽質量（$M_\odot$）的恆星B為例，當兩者相距60～300太陽半徑（$R_\odot$）且同時誕生的話會是什麼情況（**圖8.1**）。當星體彼此引力在L_1點（拉格朗日點）處於平衡狀態，假設有個會通過此點的等位面，名為**洛希瓣**（Roche lobe），並用虛線表示之。恆星B質量重、演化快，大約1億年就能演化膨脹成紅巨星。當星體外層大於洛希瓣時，恆星B外層的氣體就會通過L_1點並流入恆星A，那麼恆星B終其一生都是白矮星。此時，緩慢演化的輕恆星A還處於主序星狀態。經過6～

圖8.1　聚星的演化

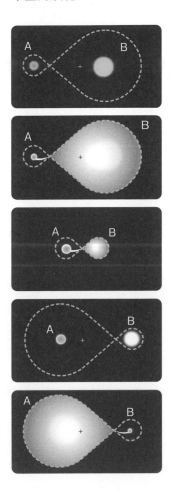

星體距離相近的話，彼此就能相互接收或給予氣體呢

　18億年，當恆星A也演化成紅巨星，外層膨脹且蓋過L_1點時，就會與前述情況顛倒，恆星A的外層氣體將通過L_1點並流回恆星B。

　　在碳、氧的簡併壓力（Degenerate pressure）作用下，恆星B雖然是保有星體平衡的白矮星，但隨著恆星A的氣體吸積（質量輸送），此平衡狀態也會因此崩解，產生猛烈的核融合，引發大爆炸（**圖8.2**）。此現象稱為**Ia型超新星爆發**（前面第6章提到的大質量單顆星體引發的重力崩塌型超新星爆發則稱為Ⅱ型）。

圖8.2　Ia型超新星爆發進展

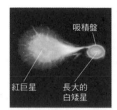

聚星

白矮星

行星狀星雲

吸積盤

紅巨星　長大的白矮星

爆發

奧勒岡大學 J.Brau

圖8.3　Ia型超新星爆發與Ⅱ型超新星爆發所生成的元素模式比較

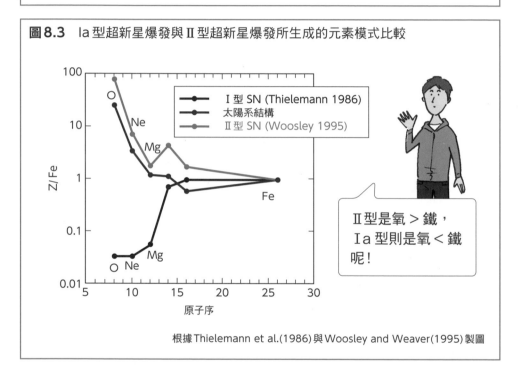

根據 Thielemann et al.(1986)與Woosley and Weaver(1995)製圖

　　其中非常重要的一點，是Ia型超新星爆發與Ⅱ型超新星爆發所合成的元素原子數比並不相同（**圖8.3**）。為了方便比較生成的元素比例，**圖8.3**以鐵（Fe）的數值作為基準。若是Ia型超新星爆發，氧（O）、氖（Ne）及鎂（Mg）的釋出量會比鐵還少。如果是Ⅱ型超新星爆發，雖然爆發前星體中心存在著鐵核心（**圖6.8**），但因為鐵核心本身會變成中子星或黑洞，釋放出的鐵含量相對較少，這也是為什麼以鐵為基準作比較時，Ⅱ型超新星的氧（O）、氖（Ne）、

鎂（Mg）、矽（Si）會比鐵（Fe）的含量更高。還有一點很有趣的是，太陽系既非Ia型，也不是II型，看起來比較像是兩者混合後的模式。

8.2 銀河的化學演化

第1章時已有提到，至今138億年前發生了大霹靂，銀河也在134億年前就此誕生。經過試算後更發現，第一代星體較容易誕生質量達太陽100倍以上的星星。因為大質量星體的快速演化，不久後便引發了II型超新星爆發。在6.5節我們也提到，這樣的時間尺度約莫為數百萬年。另一方面，中小質量星體演化緩慢，要耗費1億年甚至超過100億年才有辦法演化成紅巨星，並以行星狀星雲的形態終其一生。上一節有提到，Ia型超新星爆發所需的時間，將取決於輕質量星體的演化速度，因此重元素釋放至外太空可能需要數億到數十億年不等的時間。太空的化學結構會始於剛開始只有氫（H）、氦（He）以及少量的鋰（Li）的狀態，其後，由重星體形成的元素將遍布整個外太空，接著才會充斥著源自輕星體的元素。

圖**8.4**的橫軸為各星體「鐵/氫比」與太陽「鐵/氫比」的比較值。依照 $[\text{Fe/H}] = \log[(n_{\text{Fe}}/n_{\text{H}})_{星}/(n_{\text{Fe}}/n_{\text{H}})_{太陽}]$ 之定義，太陽的 $[\text{Fe/H}]$ 值為零，$[\text{Fe/H}]$ 是 -1 的話代表鐵含量為太陽的10分之1，-2 則為太陽的100分之1。$[\text{Fe/H}]$ 值和宇宙年齡雖然不是「一對一」的關係，不過大霹靂之初宇宙並沒有鐵，隨著星體演化，鐵含量才開始增加，所以也可將圖表由左到右視為時間的演進。這裡要特別注意一點，所謂 $[\text{Fe/H}]=0$ 的「太陽化學結構」並不是指現在的組成成分（大霹靂138億年後），而是至今46億年前，也就是宇宙形成92億年（＝138億年－46億年）之際，**最初形成太陽的分子雲成分**。會有這樣的落差，是因為太陽內部雖然有從氫形成氦的核融合反應，但並沒有能夠合成鐵（Fe）的核融合反應〔在實驗室的確能以人工方式製造出原子序113鉨（Nh）等重元素，但這裡會先排除這類情

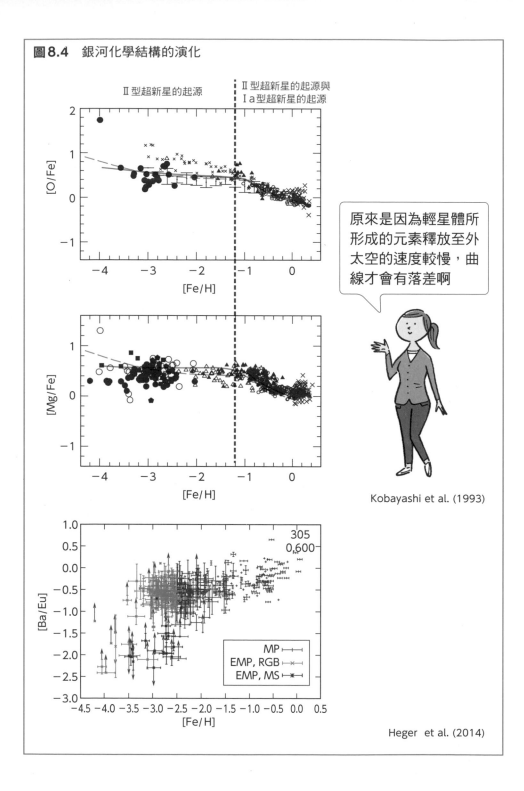

圖8.4 銀河化學結構的演化

Kobayashi et al. (1993)

Heger et al. (2014)

況〕。

言歸正傳，當橫軸為 [Fe/H]，縱軸代入 [O/Fe] ＝ log[(n_O/n_{Fe})星/(n_O/n_{Fe})太陽] 或 [Mg/Fe] ＝ log[(n_{Mg}/n_{Fe})星/(n_{Mg}/n_{Fe})太陽] 值的話，將發現 [Fe/H] 會在 −1.5 ～ −1.2 附近下墜出現落差〔Kobayashi et al.（1993）〕。正如 8.1 節所述，在發生 Ia 型超新星爆炸前的時間尺度約 10 億年（聚星系統中，質量為 $2M_\odot$ 的輕星體會是 18 億年，$3M_\odot$ 的話則為 24 億年），大霹靂後隨之發生的 II 型超新星爆發會是元素合成過程的關鍵階段，也是因為大約自 10 億年前起，Ia 型超新星開始釋出元素的緣故，由此便能解釋 [Mg/Fe] 值為何會出現落差。根據圖 8.3，可以看出 II 型超新星釋放的 [Mg/Fe] 值為 0.4 ～ 0.5，I 型超新星為 −1.2 較低。[Mg/Fe] 比大約是從 [Fe/H] ＝ −1.5 ～ −1.2 的時候開始下降，所以才會認定在 92 億年（[Fe/H] ＝ 0）左右，形成了目前太陽的結構（[Mg/Fe] ＝ 0）。II 型超新星同樣會製造出比鐵還要大量的氧，但 I 型超新星的氧生成量會比鐵來的少，所以 [O/Fe] 也會因為相同理由出現落差。

圖 8.4 下方則是橫軸為 [Fe/H]，縱軸為 [Ba/Eu] 的結果〔Heger et al.（2014）〕。[Ba/Eu] 值雖然會隨時間增加，但 [Fe/H] 介於 −2.5 ～ −2 時開始出現變化。第 7 章其實也有提到，銪（Eu）基本上是透過 r 過程合成，鋇（Ba）是經 s 過程產出的話，那麼形成於中小質量星體內部，s 過程起源的鋇以行星狀星雲開始釋放至外太空的時間點，將可用來解釋為何 [Fe/H] 在 −2.5 ～ −2 開始出現落差（舉例來說，如果是質量 $6M_\odot$ 的星體，從誕生到邁入 AGB 星階段的演化時間尺度大約會是 1 億年），因為這比 Ia 型超新星釋出的質量開始發揮作用的時間點（[Fe/H] ＝ −1.5 ～ −1.2）還要稍微早一些。

還有一點很有趣，那就是 [Ba/Eu] 值在 [Fe/H] < −2.5 的區域看起來並非固定值，這也意味著宇宙初期生成鋇與銪的環境並不是只有 2 種成分。

8.3 太陽系的化學結構

　　根據太陽大氣層的分光分析及隕石數據，依太陽系元素豐度排列出原子序的話，可以發現下面幾個特徵（圖8.5）。

　　（1）原則上原子序愈大，元素豐度愈小。

　　（2）在鐵（Fe）附近會出現一個峰值。

　　（3）Li、Be、B的豐度非常之小。

　　（4）原子序為偶數的元素含量會比相鄰的奇數元素多10倍。

　　（5）原子序43（Tc）和61（Pm）有缺損。

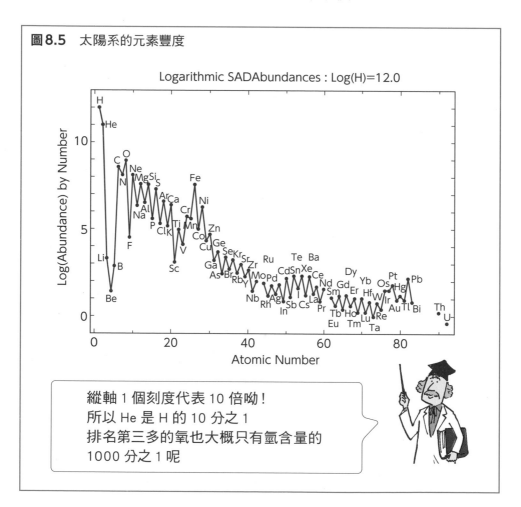

圖8.5　太陽系的元素豐度

縱軸 1 個刻度代表 10 倍呦！
所以 He 是 H 的 10 分之 1
排名第三多的氧也大概只有氫含量的
1000 分之 1 呢

圖8.6　人體所需元素

族／週期	1	2	3	4	5	6	7	8	9	10	11	12	13	14	15	16	17	18
1	1 H																	2 He
2	3 Li	4 Be											5 B	6 C	7 N	8 O	9 F	10 Ne
3	11 Na	12 Mg											13 Al	14 Si	15 P	16 S	17 Cl	18 Ar
4	19 K	20 Ca	21 Sc	22 Ti	23 V	24 Cr	25 Mn	26 Fe	27 Co	28 Ni	29 Cu	30 Zn	31 Ga	32 Ge	33 As	34 Se	35 Br	36 Kr
5	37 Rb	38 Sr	39 Y	40 Zr	41 Nb	42 Mo	43 Tc	44 Ru	45 Rh	46 Pd	47 Ag	48 Cd	49 In	50 Sn	51 Sb	52 Te	53 I	54 Xe
6	55 Cs	56 Ba	57~71 鑭系元素	72 Hf	73 Ta	74 W	75 Re	76 Os	77 Ir	78 Pt	79 Au	80 Hg	81 Tl	82 Pb	83 Bi	84 Po	85 At	86 Rn
7	87 Fr	88 Ra	89~103 錒系元素	104 Rf	105 Db	106 Sg	107 Bh	108 Hs	109 Mt	110 Ds	111 Rg							

■ 人體所需的多量元素　11
□ 人體所需的微量元素　9
▨ 人體可能需要的元素　23
▢ r過程　▢ s過程

| 57~71 鑭系元素 | 57 La | 58 Ce | 59 Pr | 60 Nd | 61 Pm | 62 Sm | 63 Eu | 64 Gd | 65 Tb | 66 Dy | 67 Ho | 68 Er | 69 Tm | 70 Yb | 71 Lu |
| 89~103 錒系元素 | 89 Ac | 90 Th | 91 Pa | 92 U | 93 Np | 94 Pu | 95 Am | 96 Cm | 97 Bk | 98 Cf | 99 Es | 100 Fm | 101 Md | 102 No | 103 Lr |

改編自道端齋「什麼是生物元素？從宇宙誕生到生命進
化的137億年（NHK ブックス）」

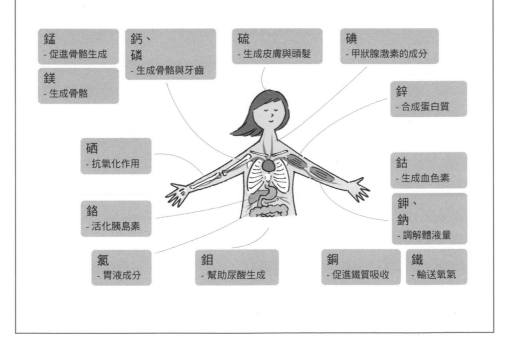

錳
- 促進骨骼生成

鈣、磷
- 生成骨骼與牙齒

硫
- 生成皮膚與頭髮

碘
- 甲狀腺激素的成分

鎂
- 生成骨骼

鋅
- 合成蛋白質

硒
- 抗氧化作用

鈷
- 生成血色素

鉻
- 活化胰島素

鉀、鈉
- 調解體液量

氯
- 胃液成分

鉬
- 幫助尿酸生成

銅
- 促進鐵質吸收

鐵
- 輸送氧氣

這些特徵其實也能窺見第6、第7章所提到，恆星演化伴隨的元素合成跡象，甚至直接證明了太陽系源自於太陽系誕生前的星塵。特徵（5）提到了原子序43和61有缺損，這是因為鎝（Tc）和鉕（Pm）都是半衰期為數十～數百年的不穩定核種，所以在太陽系形成最初階段就已經消失。實際上，研究學家也從隕石所含的太陽前顆粒（presolar grains）中，發現帶有過剩的^{99}Tc（半衰期2.1×10^5年）母核種，也就是^{99}Ru同位素，這代表我們可以百分之百確定，太陽系材料物質在AGB星周圍固化時已經存在^{99}Tc〔Savina et al.（2004）〕。

圖8.6特別把元素表中，人類生存所需的必要元素與可能需要的元素以顏色標示出來。以這些元素來說，金（Au）、硒（Se）、碘（I）為r過程核種，鍶（Sr）、鋇（Ba）、鉬（Mo）、鉛（Pb）則是典型的s過程核種。探討至此就會發現，r過程核種從宇宙誕生初期就已存在，反觀s過程核種的出現晚了數億年，且數量是慢慢增加。即便「地球」在宇宙初期已經誕生，照理說也還沒有足夠的s過程核種，也就是微量元素鉬（Mo）來維持生命活動。由此可知，人類的誕生是需要一點「時間」呢。

8.4 太陽是顆不足為奇的星體？

第1章有說到，概算一下，銀河系大約有2000億顆太陽類似太陽的恆星。那麼，我們的「母星‧太陽」是顆不足為奇的星體嗎？透過接下來的探討各位可以發現，答案既可說是，也可說不是。

圖8.7星體誕生時的質量頻率圖。大致來說，重星體數量較少，愈輕的星體誕生數量愈多。質量2×20^{33}g的太陽算是比較輕的星體，所以可以看出整個銀河中有非常大量類似太陽的星體。另外，前面也有提到，星體演化時合成的元素量比例以及釋放到外太空的時間點，將取決於「星體質量」。我們在解讀圖8.9時，甚至可以說此圖的形狀（$0.5M_\odot$以上的區域斜度為-2.3）是由宇宙化學結構來決定。

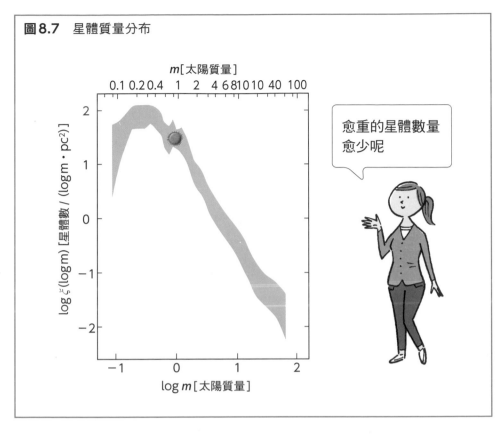

圖 8.7　星體質量分布

m[太陽質量]

愈重的星體數量愈少呢

　　拉回到正題。把太陽跟太陽系附近的星體相比會是什麼情況呢？1.2節有提到，銀河系的直徑為10萬光年，太陽系落在從中心算起3萬光年的位置。Edvardsson（1993）的資料中，便觀測了189顆鄰近太陽系，且光譜與太陽極為相似的F型、G型主序星之 [Fe/H] 值和恆星年齡（太陽是G型）。其後，Wielen et al.（1996）更詳細調查了當中的相關性，結果如**圖8.8**上方所示，線條往右下降，代表星體年齡愈大，Fe含量就愈少。因為古老星體是從以前的氣體誕生而來，鐵（Fe）含量本身就比較少。反觀，年輕星體是源自近期的星際氣體（積年累月生成並累積了許多金屬），鐵含量當然較多。更有趣的是，Wielen et al.（1996）在資料中把星體的年齡視為 τ，算出其關係相當於

$$[Fe/H] = +0.05 - 0.048 \times \tau \,[Ga] \qquad (9.1)$$

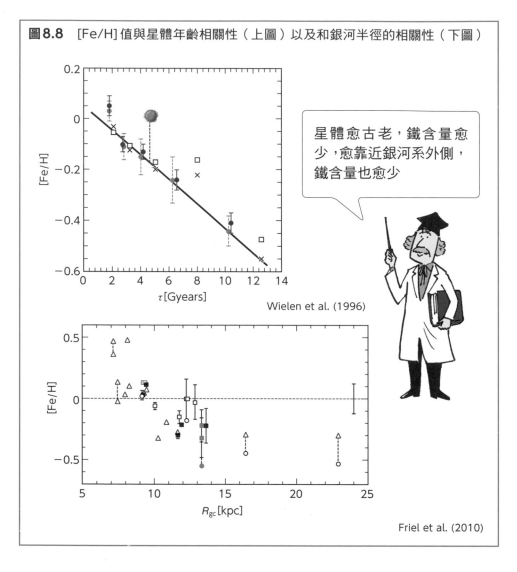

圖8.8 [Fe/H]值與星體年齡相關性（上圖）以及和銀河半徑的相關性（下圖）

Wielen et al. (1996)

Friel et al. (2010)

星體愈古老，鐵含量愈少，愈靠近銀河系外側，鐵含量也愈少

　　這時可以發現，太陽（[Fe/H]_太陽＝0）明顯落在眾恆星均值的直線上方，換句話說，與平均46億歲的星體相比，**太陽是顆鐵含量高達1.5倍的獨特星體**（$\triangle$[Fe/H]_太陽＝＋0.17）。

　　Wielen et al.(1996) 當中更提到，針對不同年齡的各種星團作了銀河徑向金屬豐度變化的比較後，發現距離銀河中心愈遠，**同年代星團的[Fe/H]值會愈小**〔圖8.8下，引用自Friel et al.(2010)〕。因為愈靠近銀河中心，星體形成活動會愈旺盛（也就是只星體從誕生到死

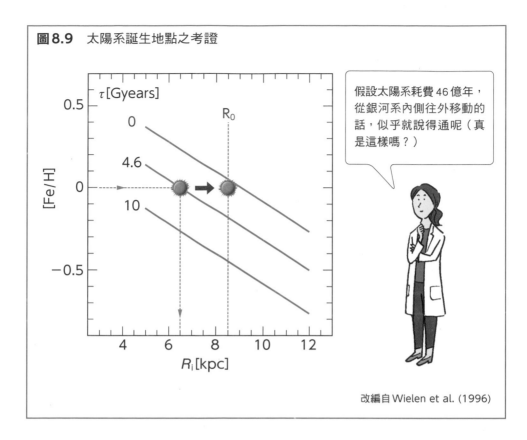

圖8.9 太陽系誕生地點之考證

改編自 Wielen et al. (1996)

假設太陽系耗費46億年，從銀河系內側往外移動的話，似乎就說得通呢（真是這樣嗎？）

亡的循環相當活躍），那麼將金屬豐度釋放到外太空的釋出率也愈高。無論是古老星團或年輕星團，都有著離銀河中心愈遠，金屬豐度愈少的特性，斜度則是接近-0.1的直線。

$$\frac{\partial[\text{Fe/H}]}{\partial R} = -0.09 \pm 0.02 \ [\text{dex/kpc}] \tag{9.2}$$

　　將2個觀測事實模式化後，就能得到**圖8.9**。圖中3條線是不同年齡的星體所連出的線，距離銀河中心愈遠，[Fe/H]愈小。這時可以聚焦在某一點（像是當今太陽系所處位置的8.5kpc），將發現[Fe/H]會依星體年齡0歲、45億歲、100億歲的順序增加（也就是用另一種方式呈現圖8.8上方）。Wielen et al.（1996）又將公式（9.1）與（9.2）列出連續微分方程式，並提出太陽在46億年前於距離銀河中心2.2萬光年處〔＝6.6kpc（1pc是3.3光年）〕誕生之論述。

第1章已有提到，太陽自己正以220km的秒速繞著銀河中心轉動，單純計算的話，從太陽系誕生至今的46億年間大約繞行了20多圈。太陽便是透過這樣的繞行，從距離銀河中心2.2萬光年的位置，移動到3萬光年的位置（圖中顯示為8.5kpc）。突然這麼說各位或許會不太相信，但如此一來的確能充分說明46億歲的太陽為何會有如此大量的金屬。實際上，和太陽系附近的恆星相比，太陽運動速度的瀰散度（velocity dispersion）較大，此現象也能用來佐證上述的假說，期待今後會有更具體的研究結果。

8.5 有著行星的太陽系是很不足為奇的星系？

近幾年，科學家找到許多太陽系以外的星系（第14章），所以能以統計學的角度，探討哪些星體擁有行星，哪些星體沒有行星。研究人員指出，最顯著的特性和中央星的化學結構有所相關。Fisher et al.（2005）等人觀測了約1000顆和太陽非常相似的恆星（F、G型星），發現氫所對應到的鐵占比愈高，該星體擁有行星的機率就愈高

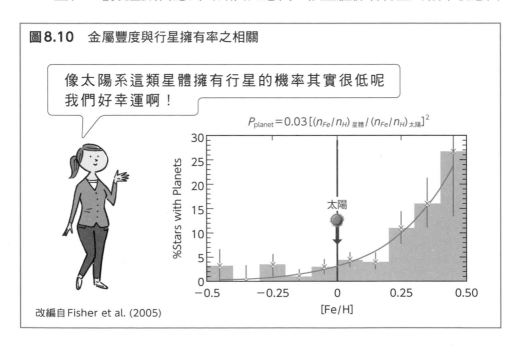

圖8.10　金屬豐度與行星擁有率之相關

像太陽系這類星體擁有行星的機率其實很低呢
我們好幸運啊！

$$P_{\text{planet}} = 0.03 \left[(n_{Fe}/n_H)_{星體} / (n_{Fe}/n_H)_{太陽} \right]^2$$

改編自Fisher et al. (2005)

（**圖8.10**）。這代表著當一顆行星的鐵，也就是類地行星主要材料物質的濃度愈高，會愈容易擁有行星。回想一下前面曾經提到的，宇宙誕生之初只存在氫與氦，要在星體不斷演化下，宇宙的金屬豐度才跟著增加，這也是為什麼宇宙誕生初期很難形成行星，到了近期才逐漸變成容易誕生行星的環境。

針對金屬豐度及行星擁有率的相關性，Fisher et al.（2005）索性以二次函數作擬合，發現通過太陽 [Fe/H] ＝ 0的數值為0.03。意味著以太陽這類結構的恆星（氫、氦除外的元素占比為1～2%左右）來說，要擁有行星的機率大約是3%。隨著系外型星的偵測靈敏度變高，行星擁有率的確比2005年時來的高，但頂多也就10%左右。太陽（這類的星體）誕生時要同時誕生行星的機率出乎意料之低，由此可知，我們是真的非常非常幸運呢！

第**9**章 太陽系的形成

前面我們探討了太陽系材料物質的元素以及其化學結構是如何形成的。第9、10、11章終於要踏入太陽系誕生與演化的環節。理解相同的材料物質是透過怎樣的過程，誕生出個性如此多元的眾行星，才能真正體會到太陽系科學的深奧。

9.1 從分子雲核到原太陽

6.2節有提到，如果要從氫平均密度為10^4個$/cm^3$的分子雲核，誕生密度為$1.4g/cm^3$的太陽，分子雲氣體就必須收縮成數百萬分之一，由此能夠概算出形成太陽的分子雲核大小約為太陽半徑的$10^6 \sim 10^7$倍（$= 10^4 \sim 10^5$天文單位），這其實和現在的歐特雲差不多大，相當於與太陽最近的恆星半人馬座α星距離（24萬天文單位）的幾分之一。

從公式（6.5）可以估算出收縮的分子雲時間尺度頂多就數百萬年而已。人們在隕石發現許多跡象，證實當中存在著半衰期為數十萬年的核種，由此可以得知，從最後的元素合成到太陽系誕生的時間約莫為數百萬年（相當於數倍的^{26}Al半衰期）（第10、11章）。從公式（6.1）可以列出幾個形成「星體誕生條件」的契機，分別是（i）超新星爆發壓縮了分子雲、（ii）大質量星體末期的星風造成壓縮（接著就是超新星爆發）、（iii）分子雲間碰撞後，爆發性的星體合成所帶來的餘波等，但目前尚未找到關鍵性的證據。因此我們還無法

釐清太陽誕生時究竟要算是聚星？還是星團？ Onehag et al.（2011）提到，透過對星團年齡、金屬豐度等項目的考察，認為太陽系源自於相距2600光年的「巨蟹座」疏散星團M67。

9.2 原太陽系盤的形成與演化

　　分子雲在開始收縮前，氣體團塊會個別運動，收縮過程中，成分會隨機相互抵銷，並形成角動量，讓整個分子雲朝某個特定方向收縮。因此氣體團塊不會筆直地朝引力方向下墜，而是會在保有角動量的情況下呈螺旋狀落下，形成氣體盤（**圖9.1**）。這類原始星體周圍的圓盤稱作「原行星盤」（protoplanetary disk），太陽系的話則會特別稱作「原太陽系盤」（protosolar disk）。根據最新觀測，剛誕生的原恆星周圍存在著由非常多種氣體及塵埃組成的圓盤，目前已知拱星盤的形成是恆星誕生時相當普遍的過程。

　　根據目前的太陽化學結構，推測太陽與原太陽系盤的質量比約為100：1，原太陽系盤內的氣體與塵粒（大小約1μm，尺寸再小的會稱為塵埃）比則是100：1左右。塵埃最初存在於整個圓盤，但會逐漸掉落至圓盤中心面，形成薄薄一層塵埃盤。塵埃盤密度愈大，塵埃

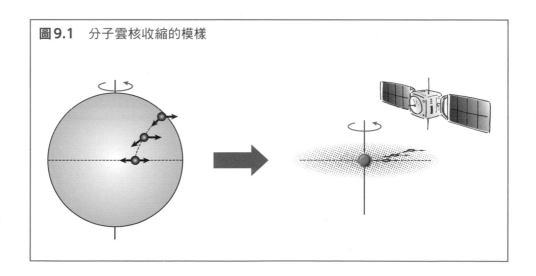

圖9.1　分子雲核收縮的模樣

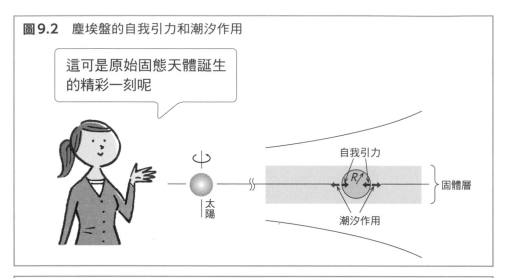

圖9.2　塵埃盤的自我引力和潮汐作用

這可是原始固態天體誕生的精彩一刻呢

太陽

自我引力

固體層

潮汐作用

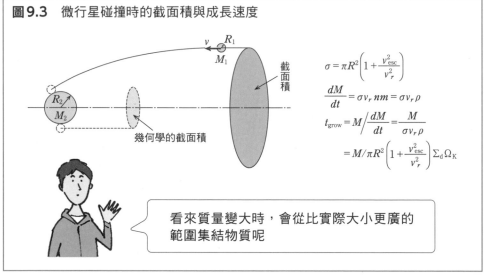

圖9.3　微行星碰撞時的截面積與成長速度

v 　R_1
　M_1

R_2
M_2

截面積

幾何學的截面積

$$\sigma = \pi R^2 \left(1 + \frac{v_{esc}^2}{v_r^2} \right)$$

$$\frac{dM}{dt} = \sigma v_r \, nm = \sigma v_r \rho$$

$$t_{grow} = M \bigg/ \frac{dM}{dt} = \frac{M}{\sigma v_r \rho}$$

$$= M \bigg/ \pi R^2 \left(1 + \frac{v_{esc}^2}{v_r^2} \right) \Sigma_d \Omega_K$$

看來質量變大時，會從比實際大小更廣的範圍集結物質呢

就會開始受到自我引力的影響，當這股引力大於來自原太陽的潮汐作用力，那麼塵埃盤將會分裂（**圖9.2**）。在塵埃盤的分裂塊中，塵埃彼此會碰撞合併，最後發展成10km大的微行星。根據太陽系現存的行星與小行星質量，我們可以得知太陽系初期至少存在100億～1000億顆10km大的微行星。

　　一般而言，探討繞中央星周圍行軌道運動的天體時，軌道半徑愈小，公轉週期就愈短（克卜勒第三定律，5.3節），所以內側的微行

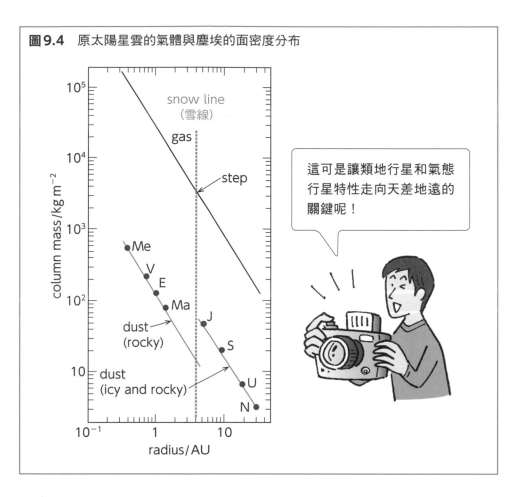

圖9.4 原太陽星雲的氣體與塵埃的面密度分布

snow line
(雪線)

gas

step

這可是讓類地行星和氣態行星特性走向天差地遠的關鍵呢！

Me
V
E
Ma

dust
(rocky)

J

S

U
N

dust
(icy and rocky)

column mass / kg m^{-2}

radius / AU

星會追過外側的微行星。當微行星大到某個程度，引力所形成的吸引作用也會變大，那麼在出現超越微行星的現象時，會集結比實際半徑更大範圍的物質，讓微行星成長為更龐大的天體（**圖9.3**）。

微行星的成長速度（dM/dt）取決於每單位時間內能與多少的微行星合併，大致上會和微行星公轉軌道速度v_r、軌道附近存在的微行星數量密度n，以及典型的微行星質量m成正比。那麼，實際上原太陽星雲的固體物質密度又是呈現怎樣的分布呢？

針對目前被普遍認同的太陽系形成模式，若把與中心天體的距離視為r，那麼氣體與塵埃的面密度（投射在圓盤面的質量密度。單位為kg/m^2）會以$r^{-1.5}$冪次定律的形態分布。**圖9.4**可以看出氣體成分

與塵埃成分的面密度分布，紅點則是目前行星的位置（氣體與塵埃比則是前面有提到的100：1）。可以特別注意到，塵埃成分在3～4天文單位時，面密度（也就是每單位面積的固體質量）大幅攀升。這是因為軌道之內的H_2O是以氣體（水蒸氣）形態存在，軌道之外成了固體（冰），這條區隔線又名叫snow line（雪線）〔當氣壓過低，H_2O無法以液體的水存在，只能是氣體或固體（**圖5.6**）〕。也因為這樣，snow line內側只有岩石質地的塵埃會變成行星的原材料，外側的話，除了塵埃，H_2O成分的冰也會是行星的組成物。從圖表還可看出，地球軌道（1天文單位）與木星軌道（5天文單位）相比，木星軌道的塵粒面密度只有地球的3分之1，軌道半徑卻是地球的5倍之多，所以能更大範圍地集結物質，最終才有辦法形成龐大的固態核心。也因為塵粒的密度分布在這條snow line出現攀升，才會讓類地行星和類木／類海行星形成後存在許多特徵上的差異。

9.3 類木／類海行星的成長與原生大氣

固態天體在木星、土星的軌道區域成長至地球質量數倍大的時候，就能直接捕獲周圍的原太陽星雲氣體（主要會是氫、氦），並讓木星、土星集結四周的氣體，變成相當於地球半徑10倍的氣態巨行星（**圖9.5**）。這時，原始木星或原始土星周圍會形成「**環行星盤**」（circumplanetary disk）。正如原太陽星雲中會誕生多個行星般，環行星盤內也會誕生許多大型衛星。然而，天王星、海王星區域因為固態物質面密度小，軌道公轉速度慢的關係，導致行星成長速度緩慢，在星體充分捕獲周圍的氣體前，來自原太陽星雲的氣體就會消散，所以成長到地球5～6倍大時便會停止。我們又把這種直接捕獲星雲氣體的大氣稱作**原生大氣**（Primordial atmosphere）。

圖9.5 氣態巨行星的誕生（上圖）與環行星盤的形成（下圖）

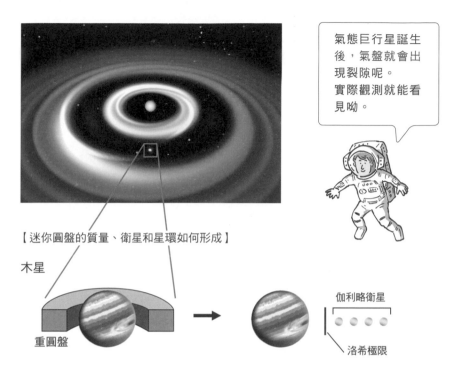

氣態巨行星誕生後，氣盤就會出現裂隙呢。
實際觀測就能看見呦。

【迷你圓盤的質量、衛星和星環如何形成】

木星

重圓盤 → 伽利略衛星

洛希極限

迷你圓盤的質量如果較大，就能形成像木星伽利略衛星這麼大的衛星。

土星

輕圓盤 → 星環

小衛星

洛希極限

迷你圓盤的質量如果較小，就會像土星一樣帶有星環，星環外側還會有小衛星。

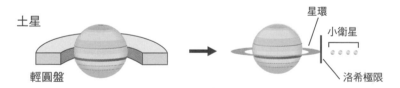

木星和土星周圍都有圓盤的話，看起來就像迷你太陽系呢！

9.4 類地行星的成長與次生大氣

　　5.6節就有提到，類地行星的引力小，氫和氦的平均速度會比行星本身的脫離速度還快，所以無法直接捕獲來自原太陽星雲的氣體。

　　那麼，類地行星的大氣又是怎麼產生的？目前認為類地行星形成初期，微行星累積的熱能融化了原行星表面的岩石，形成**岩漿海洋**（magma ocean）。雖然我們尚未得知類地行星的組成成分究竟是怎樣的固態物質，不過加熱原生隕石（第10章）後，除了發現水蒸氣（70％）與二氧化碳（29％），還偵測到微量的甲烷、氫、氮等元素〔Schaefer & Fegley（2010）〕，由此可知，誕生初期的類地行星包覆著一層來自岩漿海洋，成分包含水蒸氣、二氧化碳的大氣層。像這種固態物質排出氣體後所形成的大氣稱作**次生大氣**（Secondary atmosphere）（12.1節）。因此金星、地球、火星能夠保留下二氧化碳、水蒸氣以及氮，不過，水星的引力小，無法保留任何一種氣體，所以這些氣體會逃逸到外太空，無法集結成大氣（5.6節）。

9.5 水的狀態與二氧化碳

　　基本上行星表面的平均溫度取決於和太陽的距離，壓力則和天體的「質量／大小」比有關（5.6節）。另外，H_2O 的狀態（冰、水、水蒸氣）取決於溫度和壓力（5.5節）。金星表面為90大氣壓力，溫度為500℃，非常高溫，所以 H_2O 只能以水蒸氣的狀態存在。遇到這種情況時，水蒸氣在大氣層上空會受到來自太陽的紫外線照射，分解成重量輕的氫與氧，最後逃逸到外太空。NASA執行先鋒金星計畫（Pioneer Venus project）時，調查了金星大氣層氘（D：Deuterium）與氫（H：Hydrogen）兩者的比值 $(D/H)_{金星} = (1.6 \pm 0.2) \times 10^{-2}$，大約是地球比值（$= 1.6 \times 10^{-4}$）的100倍大。核種愈輕，愈容易逃逸到外太空（也就是H會比D更容易逃逸），因此一般認為，金星的

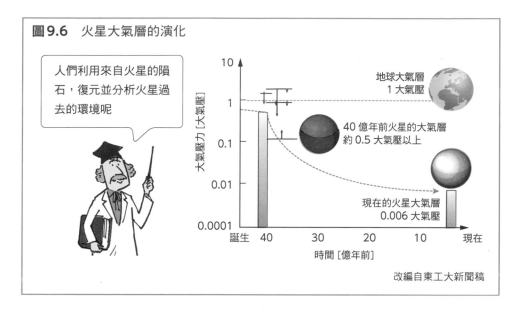

圖9.6 火星大氣層的演化

人們利用來自火星的隕石，復元並分析火星過去的環境呢

地球大氣層 1 大氣壓

40 億年前火星的大氣層 約 0.5 大氣壓以上

現在的火星大氣層 0.006 大氣壓

改編自東工大新聞稿

D/H比值會這麼高，就表示存在大氣層逃逸的現象〔Donahue et al.（1982）〕。

那麼，火星的情況又是怎樣？目前火星大約是0.01大氣壓力，均溫−58℃，所以H_2O會以冰（固態）或水蒸氣（氣態）的狀態存在。另外，根據探測車行駛於火星表面以及遙測沈積岩與礫岩的結果，能推測火星過去曾有過溫暖氣候，並長時間存在湖泊或海洋。若火星表面要存在豐富的液態水，即表示壓力和氣溫都必須比現在高出許多，會是完全不一樣的環境條件（參照圖5.6的H_2O相圖）。Kurokawa et al.（2017）利用火星隕石氮及氬的同位素分析數據，復元了40億年前的火星大氣層，結果可以看出當時的火星覆蓋著一層和地球大氣層（約0.5大氣壓力以上）差不多厚的大氣（**圖9.6**，出處：東工大新聞稿）。只要大氣層主要成分的二氧化碳夠豐富，溫室效應就會相當旺盛，所以能合理說明過去的火星和地球一樣有著溫暖溼潤的氣候。

然而，火星的命運卻和地球大相逕庭，從溫暖溼潤的氣候變成今日既寒冷又乾燥的環境。目前認為是因為火星這顆行星比地球還要小一些，行星內部溫度會下降，無法維持活躍的地函運動，所以會停止

表9.1 在沒有侵蝕、生命活動的前提下，類地行星的大氣組成
〔改編自Morrison and Owen (1988)〕

	金　星	地　球	火　星
N_2	3.4%	1.9%	1.7%
O_2	有	有	有
Ar	40ppm	190ppm	850ppm
CO_2	96.5%	98%	98%
水	＞9m	3km	30m
大氣壓力	88±3大氣壓	～70大氣壓	～2大氣壓

供應形成溫室效應的二氧化碳氣體。另外，火星內部由鐵組成的核心很早就降溫凝固，既有的磁場也隨之消失，因此高能量的帶電粒子會直接射入，使大氣層剝離。近期根據繞行火星衛星MAVEN的觀測，我們更發現到，火星受太陽活動的影響，目前每秒仍會釋放10^{25}個氧離子到外太空〔Brain et al. (2015), Jakosky et al. (2015)〕。或許就是因為火星歷經數十億年不斷釋放大氣到外太空，氣壓才會降至目前的0.01吧。

　　那麼，位處火星和金星之間的地球又是怎樣的情況呢？其實從水的狀態圖就能清楚看出，在1大氣壓力（$\fallingdotseq 10^5 \text{Pa}$）下的$H_2O$能以固態、液態、氣態3種形態存在，在地球均溫15℃的條件來說，H_2O會是液態，這也代表著「海洋」的存在。人們曾在格陵蘭發現38億年前的沉積岩和枕狀熔岩（在水中流出的熔岩），由此便能證實，地球擁有豐富的海洋已將近40億年。大氣中的二氧化碳會變成碳酸離子溶入海水中，接著又與海中的鈣離子反應，形成碳酸鈣（$CaCO_3$、石灰岩的成分）並沉澱於海底。

$$H_2O + CO_2 \quad \longleftrightarrow \quad HCO_3^- + H^+$$
$$\longleftrightarrow \quad CO_3^{2-} + 2H^+$$
$$Ca^{2+} + CO_3^{2-} \quad \longleftrightarrow \quad CaCO_3 （固體）$$

地球就是利用這種形成石灰岩的方式，去除大氣中所含的二氧化碳。舉例來說，山口縣的秋吉台、岐阜縣和滋賀縣邊界的伊吹山（標

高1377m）的形成過程雖有些許差異，不過都屬於成分為二氧化碳的石灰岩地形。Morrison and Owen（1988）提出個很有趣的想法，那就是利用目前已知地球上的石灰岩總量，估算原始地球的大氣，得到二氧化碳為98％、氮2％的結果。與金星和火星的相似度之高，高到讓人覺得非常不可思議呢。

就這樣，地球終於誕生了藍綠菌，並開始行光合作用。在光合作用的影響下，大氣中的二氧化碳不斷減少，並累積更多的氧氣。這也讓金星和火星第二多的氮氣在地球成了占比最高的氣體，其次還保有大量的氧氣。光合作用和碳酸鈣沉澱實驗是國中小學的科學理化課中都會實際操作的簡單化學反應，只要想到這些反應竟然歷經數十億年發生在地球的海洋與大氣中，並打造出現在的地球環境，就讓人覺得浪漫無比呢。

9.6 行星遷徙的概念～大航向模型

後面第14章會提到，人們在太陽系外也發現到很多行星。令人驚訝的是，其中許多類木行星是貼近中央星附近繞行運動。正如9.3節所述，以既有太陽系形成論的觀點來看，類木行星必須形成於雪線（Snow Line）外側的低溫區域。也因為這個發現，有研究學者提出了「行星誕生後會向太陽方向遷移」的想法。接著就來跟各位介紹另一個探討太陽系形成的新論述「大航向模型（grand tack model）」（tack在這裡是指改變移動方向）。

大航向模型（假說）提到，在原太陽星雲裡可依照和太陽的遠近距離，照順序區分成S型微行星、C型微行星＋巨行星形成區域、富含冰成分的微行星區域。隨著雪線外側的氣體沉降，形成了木星，接著木星就會跟著在氣盤中出現的裂隙（圖9.5），一起往太陽系內側（約1.5天文單位）遷徙。這時，氣體由外往內遷徙所帶來的壓縮，讓S型、C型微行星區域誕生了類地行星。土星也和木星一樣朝太陽系內側靠攏，歷經10萬年左右，來到與木星週期成3：2比例的共振

圖9.7　行星遷徙（大航向模型）

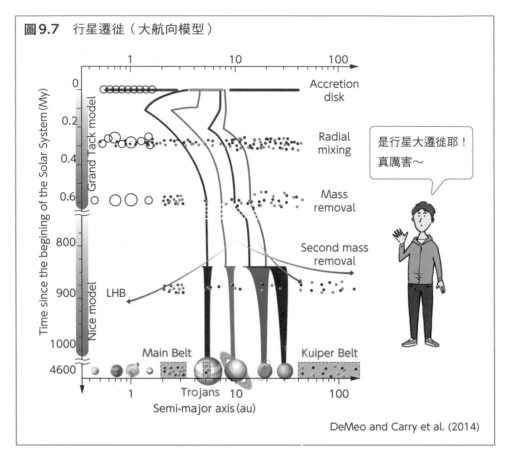

DeMeo and Carry et al. (2014)

軌道上，在外側圓盤引力的作用下，星體會跟著轉向，所以木星和土星又開始向外遷徙。最後，木星停在目前所處的5.2天文單位。

此假說最大的優勢，在於能夠解釋行星形成時間的爭議。9.2節有提到，行星成長速度dM/dt取決於原行星的軌道速度與物質密度，以克普勒行星運動速度較慢，塵粒面密度較小的天王星或海王星來說，形成時間須達數十億～數百億年，成了無法合理解釋的致命環節。如果是以大航向模型來看，天王星及海王星會先誕生於內側軌道並不斷成長，最後才遷徙到目前的位置，所以能解決上述的問題點。不過有一點要特別注意，大航向模型的確是個非常吸引人的假說，但因為尚缺乏強有力的定量議論及物質科學角度的驗證，因此還沒有被行星科學界普遍認同，非常期待今後的研究發展。

第10章 地球外物質與年代分析

第9章主要是從理論觀點探討了太陽系形成的過程。後面的第11章則會站在物質科學的角度，解開太陽系的歷史之謎，為了讓各位順利銜接第11章，本章將先解說來自宇宙的隕石概要與岩石樣本的「定年法」原理。

10.1 從外太空飛來的物質～隕石和宇宙塵～

從外太空飛來的石頭又名為隕石。以國土面積狹長的日本列島來說，1996年發現了筑波隕石（約800g）、1999年發現了神戶隕石（約135g）、2003年發現了廣島隕石（約414g），大概每5～10年就會發現並回收墜落的隕石。以整個地球來說，粗估每年大約有2.7～7.3噸的隕石會從天而降〔Bland（1993）〕。其實，從外太空飛到地球的固態物質量比上面的數字還多，估算每年就有高達5千～1萬6千噸1mm以下的宇宙塵/微隕石〔Yada et al.（2004）；**圖10.1**〕。Love and Brownlee（1993）提到，仔細觀察飛行於距離地球330～480km，繞行時間約6年的回收人工衛星，就能發現衛星壁面有著數不清的微小撞擊痕跡。從數量來看，可以估算每年飄散在外太空的宇宙塵規模大約是4萬±2萬噸。宇宙塵衝破大氣層進到地球時，多半會變成「流星」燃燒殆盡（昇華），只有大約1成的固態物質會以宇宙塵的狀態墜落地面。

2013年2月，墜落俄羅斯車里雅賓斯克地區（Chelyabinsk）的

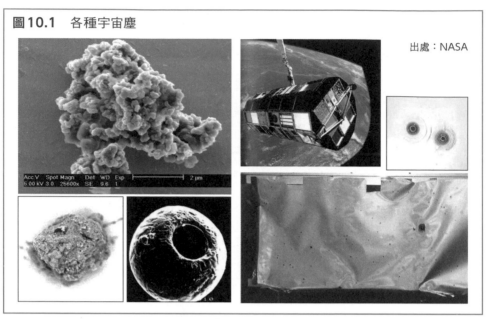

圖 **10.1** 各種宇宙塵

出處：NASA

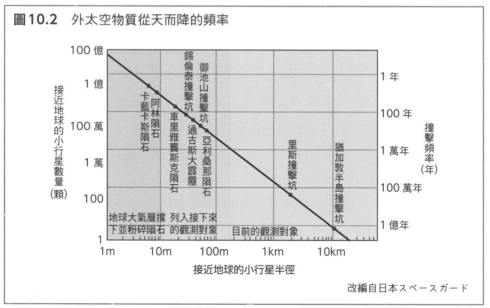

圖 **10.2** 外太空物質從天而降的頻率

接近地球的小行星數量（顆）

撞擊頻率（年）

100 億
1 億
100 萬
1 萬
100
1

1 年
100 年
1 萬年
100 萬年
1 億年

卡藍卡斯隕石
阿林隕石
錫倫泰撞擊坑
御池山撞擊坑
車里雅賓斯克隕石
通古斯大霹靂
亞利桑那隕石
里斯撞擊坑
猶加敦半島撞擊坑

地球大氣層擋下並粉碎隕石
列入接下來的觀測對象
目前的觀測對象

1m　10m　100m　1km　10km

接近地球的小行星半徑

改編自日本スペースガード

隕石在衝破大氣層時帶來了震波，不僅導致建築物玻璃破碎，更造成約 2000 人因而受傷。研究推測隕石衝破大氣層前的直徑為 10 ～ 15m，一般認為這種大小的隕石平均每 100 年才會墜落地球一次。基本上，飛入地球的隕石尺寸愈小，數量會愈多，大隕石久久才會出現

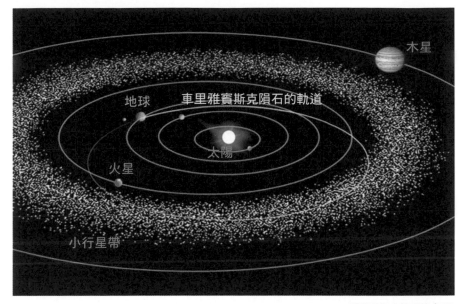

圖10.3　車里雅賓斯克隕石衝入大氣層之前的行徑軌道

木星

地球　　車里雅賓斯克隕石的軌道

太陽

火星

小行星帶

引用自日本航空協會HP

一次。回顧地球的歷史，會發現過去也曾有比車里雅賓斯克更大的隕石撞擊地球。最有名的當然就是造成恐龍滅絕，推測大小為10～15km的隕石（彗星？）。這顆隕石當時墜落在猶加敦半島，撞出了直徑200km的隕石坑。人們估算像這種巨大天體撞擊地球的機率大約是1億年一次（**圖10.2**）。

　　這些隕石究竟是怎麼來到地球的？如果是像車里雅賓斯克隕石這類在多個地點目擊墜落情況的隕石，我們就能以墜落的速度、衝破大氣層的角度，反推算出墜落軌跡，並得知某些隕石是來自小行星帶（**圖10.3**），不過，目前還無法直接掌握大多數的隕石究竟來自何方。

10.2 隕石的種類

　　隕石和宇宙塵會墜落在地球各處，以目前發現有隕石的地點而

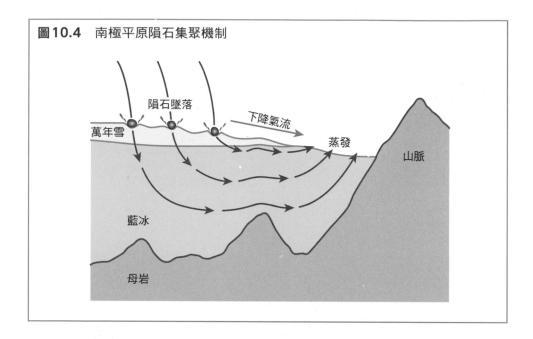

圖10.4　南極平原隕石集聚機制

圖中標示：隕石墜落、下降氣流、萬年雪、蒸發、山脈、藍冰、母岩

言，冰原、沙漠等地形會比較容易察覺曾有隕石墜落，其中又以南極最為明顯。因為隕石會跟著冰河經年累月地移動到山脈附近，冰河蒸發後，隕石就會集中在特定的地點（**圖10.4**）。因為日本南極昭和基地附近（說附近也是相距300km！）的大和山曾發現大量隕石，使得日本的隕石學相當盛行，占有世界頂尖的研究地位。

　　截至目前為止已發現近10萬顆的隕石，透過礦物學與地球化學的特徵，可將這些隕石加以細分（隕石資料庫：https://www.lpi.usra.edu/meteor/）。再詳細的內容就交給專業書籍，這裡僅針對大致上的分門別類作解說。隕石常見的特徵組織（結構）稱作球粒（chondrule），一般會根據有無球粒，將隕石區分為球粒隕石（chondrite，約86％）和無球粒隕石（achondrite，剩餘的14％）兩個類別。achondrite字首的「a」有「否定（沒有）」的意思。另外，根據化學成分，又可將隕石分成石隕石、石鐵隕石、鐵隕石三大類。以發現頻率來說，由高至低分別是石隕石（球粒隕石）：石隕石（無球粒隕石）：石鐵隕石：鐵隕石＝**86%：8%：1%：5%**。這時可以發現，地球上發現的隕石基本上都是帶有球粒的球粒隕石。

10.3 球粒隕石

根據化學結構、氧化還原狀態，球粒隕石又可分成CI、CM、CK、CO、CV、CR、CH、CB、H、L、LL、EF、EL等細類。其中H、L、LL類別的發現頻率高，屬於很常見的隕石，所以又被稱為普

圖10.5　隕石分類

原生程度	分類1	分類2	分類3
原生	球粒隕石（石隕石）	碳質球粒隕石	CI, CM, CK, CO, CV, CR, CH, CB
		普通球粒隕石 R群（Rumuruti） K群（Kakangari）	H, L, LL EH, EL

球粒隕石

↓ 無球粒隕石

| 偏原生 | 原生球粒隕石（石隕石） | Acapulcoite
Lodranite（橄欖古銅隕石）
Winonaite | |
| 分化 | 無球粒隕石（石隕石） | HED | Howardite（古銅鈣長無球粒隕石）
Eucrite（鈣長輝長無球粒隕石）
Diogenite（古銅無球粒隕石） |

隕石種類（分類1）

球粒隕石 86%

鐵隕石 5%
石鐵隕石 1%　8%
無球粒隕石

Ureilites（橄輝無球粒隕石）
Aubrites（頑輝無球粒隕石）
Angrites（鈦輝無球粒隕石）
Brachinites
火星隕石（SNC）　Shergottite（輝麥長無球粒隕石）
　　　　　　　　Nakhlite（輝橄無球粒隕石）
　　　　　　　　Chassignite（純橄無球粒隕石）
　　　　　　　　Orthopyroxenite（直輝石岩）

月球隕石

| 石鐵隕石 | 石鐵 | Pallasites（橄欖隕鐵）
Mesosiderites（中鐵隕石） | |
| 鐵隕石 | 鐵 | 岩漿型
非岩漿型 | |

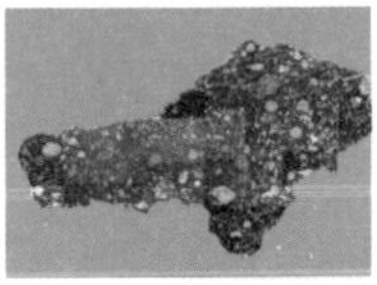

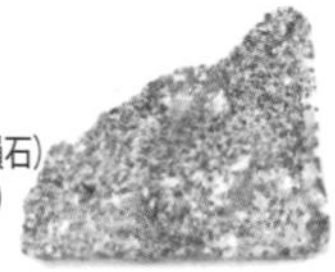

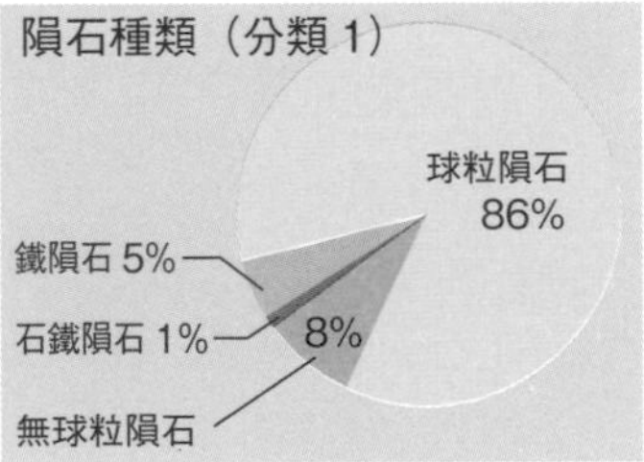

石隕石

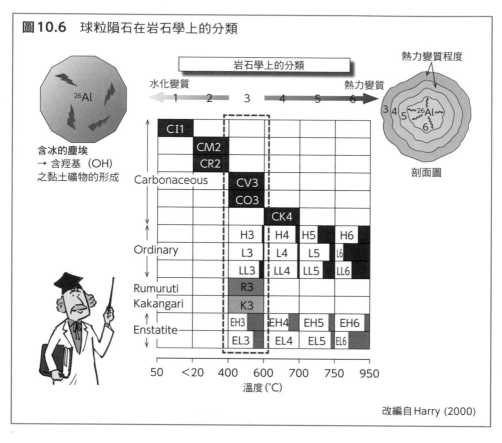

圖10.6 球粒隕石在岩石學上的分類

岩石學上的分類

水化變質 ←————————————→ 熱力變質

含冰的塵埃
→ 含羥基（OH）
之黏土礦物的形成

熱力變質程度

剖面圖

溫度（℃）

改編自Harry（2000）

通球粒隕石（Ordinary chondrite）（**圖10.5**）。除了用化學結構分類，球粒隕石還能根據礦物組織特徵，以岩石學的角度細分成1～6類（**圖10.6**）。岩石學會將球粒形狀明顯的隕石稱作「原生」隕石，屬第3類。隨著熱力變質作用愈趨強烈，還可分成第4、5、6類，出現水化變質的部分也可依程度大小分成第2、第1類。舉例來說，在法國Ivuna發現的隕石被歸類在CI類別，水化變質程度明顯。墜落在車里雅賓斯克的隕石則屬於LL5類別，母天體是曾經歷700～750℃熱力變質的岩石。所以，**隕石的化學分類可以看出母天體的差異，岩石學上的分類則可看出母天體在變質程度上的差異**。

日本「隼鳥1號」探測器2010年從S型小行星糸川（25143 Itokawa）帶回了微粒樣本，經詳細分析後，將其分類在經歷850℃高溫的LL5～6類別〔Nakamura et al.（2011）〕。另外，2013年發

射的「隼鳥2號」也將在2018年6月底抵達C型小行星龍宮（162173 Ryugu），從表面採集約100mg的樣本後，預計2020年返回地球（註：已於2020年底順利歸來）。透過對小行星的反射光譜，期待能夠採集到結構與碳質球粒隕石（CI、CM、CK、CO、CV、CR、CH、CB）相似的樣本〔Tachibana et al.（2014）〕。

10.4 各種無球粒隕石

不含球粒（chondrule）的無球粒隕石也會依化學結構和礦物組織細分成多個種類，本節將特別介紹無球粒隕石中幾個值得關注的類別。

HED隕石

無球粒隕石中，HED隕石是最常見的類別，目前已發現約1900顆的HED隕石。HED隕石是取Howardite（古銅鈣長無球粒隕石）、Eucrite（鈣長輝長無球粒隕石）、Diogenite（古銅無球粒隕石）三種隕石的第1個英文字母來命名。目前認為，這些隕石長時間經歷了比球粒隕石還要高溫的環境，所以應該是整顆天體的鐵、矽酸鹽分離後所留下的「小行星」碎片。根據HED隕石的反射光譜分析，結果與小行星帶第三大的灶神星（4Vesta；約470～530km）極為吻合，因此推論HED隕石的母體很可能就是灶神星〔**圖10.7**；Binzel et al.（1993）〕。

SNC隕石

分類在Shergottite（輝麥長無球粒隕石）、Nakhlite（輝橄無球粒隕石）、Chassignite（純橄無球粒隕石）的隕石總稱為SNC隕石（截至2018年2月的發現數量為201顆）。這類隕石於1970年代被發現，以礦物結晶化的程度來看極為年輕（1～13億年）。一般來說，只要天體愈大，火成作用持續的時間就愈長，所以目前認為

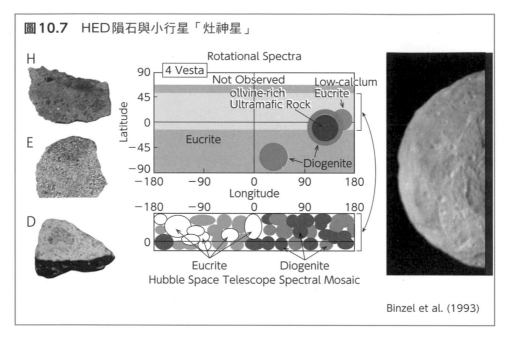

圖10.7 HED隕石與小行星「灶神星」

H

E

D

Rotational Spectra

4 Vesta

Not Observed

ollvine-rich Ultramafic Rock

Low-calcium Eucrite

Eucrite

Diogenite

Latitude

Longitude

Eucrite

Diogenite

Hubble Space Telescope Spectral Mosaic

Binzel et al. (1993)

SNC隕石的母天體應該比正常的小行星還要大一些。

　　1985年 Pepin 發表相關研究後，SNC 隕石便開始受到高度關注〔Pepin et al.（1985）〕。研究人員更發現，Shergottite 分類的隕石 EETA79001所含的氣體成分，與 NASA 維京號（Viking program）蒐集到的火星大氣成分結果極為一致，因此推論SNC隕石來自火星（**圖10.8**）。人類雖然已經著陸火星，並成功進行火星表面的分析，但尚未實際採回火星的岩石樣本。從這點來看，SNC隕石將是唯一能在地球實驗室仔細觀察分析火星的樣本來源了。透過對 SNC 隕石的調查，我們也逐漸掌握到火星過去固有磁場的強度、大氣壓力，何時曾有火山活動，水化變質又發生在什麼時候（圖9.6）。

月球隕石

　　我們也發現了一些脫離月球引力，飛來地球的隕石，稱作「月球隕石」。月球沒有大氣層，所以無法比照火星隕石作類別分析。不過，因為「月球隕石」的特徵表現與阿波羅計畫（1969 ～ 1972年）帶回380kg月球岩石相似，於是斷定為來自月球的隕石。另外一個可

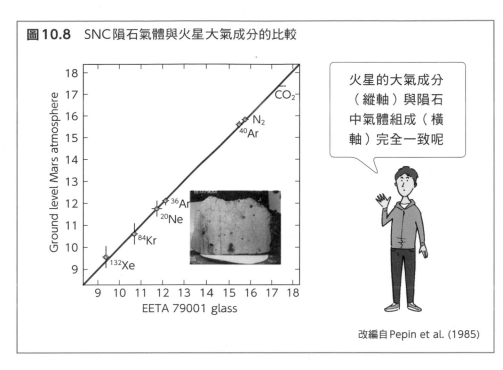

圖 10.8 SNC 隕石氣體與火星大氣成分的比較

火星的大氣成分（縱軸）與隕石中氣體組成（橫軸）完全一致呢

改編自 Pepin et al. (1985)

以明確說出隕石「來自月球」的具體證據，就是氧同位素分析的結果了。

「氧」是類地行星以及月球、小行星這類固態天體存在占比最多的元素，擁有質量數為 16、17、18 三個穩定的同位素（各同位素所占的百分比為 $^{16}O : ^{17}O : ^{18}O = 99.757 : 0.038 : 0.205$）。也因為這些氧的質量差異極小，所以在蒸發、凝結、融化、再結晶、化學反應或擴散等物理化學過程中，同位素比例的變動也非常小。**圖 10.9** 將縱軸與橫軸分別代入標準樣本平均值所取得的同位素比例差異 $\delta^{17}O$ 與 $\delta^{18}O$，這時只要排除極少部分在地球上的三態氧同位素比，就會發現基本上所有同位素比都會落在斜度為 1/2 且通過原點的直線上（質量分群線 Mass Fractionation）。

火星（SNC 隕石）、小行星糸川（隼鳥帶回的微粒樣本）、月球（阿波羅計畫樣本）、地球、小行星灶神星（HED 隕石）等天體的 $^{16}O : ^{17}O : ^{18}O$ 混合比例雖然不同，但每顆天體的氧同位素比卻都能各自落在斜度 1/2 的直線，且線條皆呈平行狀。從這個結果來看，

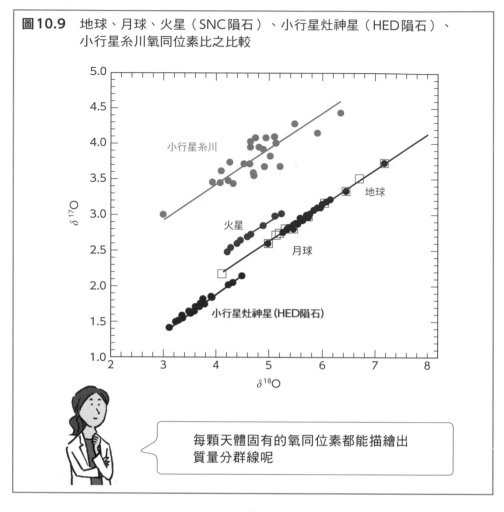

圖10.9 地球、月球、火星（SNC隕石）、小行星灶神星（HED隕石）、
小行星糸川氧同位素比之比較

每顆天體固有的氧同位素都能描繪出
質量分群線呢

只要氧同位素比與阿波羅計畫樣本相似的隕石類群，就能研判該隕石
的母天體為月球。

　　另一個研判隕石來自月球的依據，是我們發現隕石飛離母天體到
墜落地球的時間頗為短暫。隕石飛出母天體到降落地球期間會照射高
能宇宙射線，使K、He、Ne、Ar的同位素比出現變化。只要掌握其
中的變化程度，就能求得**暴露在宇宙射線下的時間＝宇宙射線暴露年
齡**（cosmic-ray exposure age）。氧同位素比和阿波羅計畫樣本類似
的隕石有個共通點，那就是暴露在宇宙射線的時間比其他隕石短了許
多，間接說明了隕石的母天體距離地球很近，加深隕石來自月球的可

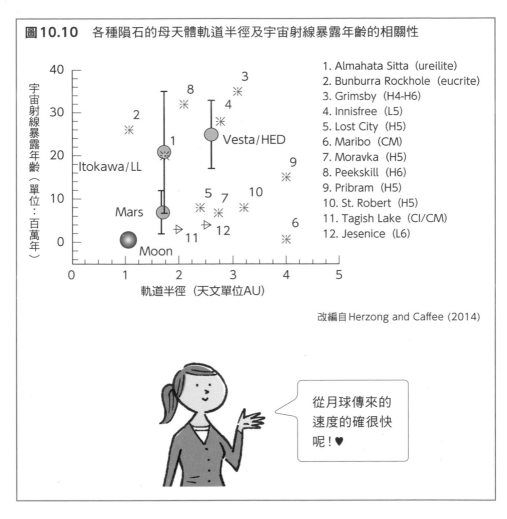

圖10.10　各種隕石的母天體軌道半徑及宇宙射線暴露年齡的相關性

1. Almahata Sitta （ureilite）
2. Bunburra Rockhole （eucrite）
3. Grimsby （H4-H6）
4. Innisfree （L5）
5. Lost City （H5）
6. Maribo （CM）
7. Moravka （H5）
8. Peekskill （H6）
9. Pribram （H5）
10. St. Robert （H5）
11. Tagish Lake （CI/CM）
12. Jesenice （L6）

改編自Herzong and Caffee (2014)

從月球傳來的
速度的確很快
呢！♥

信度。截至2018年2月，共發現326顆月球隕石。橫軸代入回收隕石所推測軌道半徑，縱軸代入宇宙射線暴露期間的話，就能得到**圖10.10**的結果。

10.5 隕石、岩石樣本的定年法原理

　　隕石、地球上的岩石其實保有經歷過的各種活動訊息，當中可能包含了結晶化作用、角礫化作用、熱力變質、水化變質、衝擊變質。這些作用會精準發生在某個年代，所以能透過彼此的「因果關係」，

描繪出太陽系與地球的歷史。接著就來簡單介紹一下隕石、岩石樣本的「定年法」。

　　先考量到鈾這類放射性元素（核種）會釋出放射線，造成其他核種衰變。母核種的數量取Parent字首P，子核種的數量取Daughter字首D，在某個時間點母核種的減少率會與當下母核種的數量P成正比，將 λ 代入比例常數的話，可以列出下面公式。

$$\frac{dP\,(t)}{dt} = -\lambda P\,(t) \tag{10.1}$$

積分公式後加以變換，可繼續得到下述公式。

$$P\,(t) = P_0 \times e^{\lambda t} \tag{10.2}$$

表10.2　地球行星科學的定年法會使用的長壽放射性核種

母核種	子核種	穩定同位素	半衰期 （十億年）
^{40}K	^{40}Ar, ^{40}Ca	^{36}Ar	1.27
^{87}Rb	^{87}Sr	^{86}Sr	48.8
^{147}Sm	^{143}Nd	^{144}Nd	106
^{176}Lu	^{176}Hf	^{177}Hf	37.2
^{187}Re	^{187}Os	^{188}Os	41.6
^{190}Pt	^{186}Os	^{188}Os	489
^{232}Th	^{208}Pb	^{204}Pb	14.01
^{235}U	^{207}Pb	^{204}Pb	0.704
^{238}U	^{206}Pb	^{204}Pb	4.469

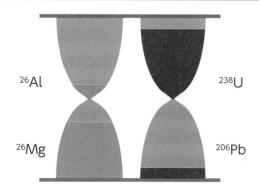

^{26}Al　　　　　　　　^{238}U

^{26}Mg　　　　　　　　^{206}Pb

半衰期70萬年　　半衰期45億年

$$D\ (t)\ =P_0-P_0\times e^{\lambda t}=P\ (t)\ \ (e^{\lambda t}\ 1) \qquad （10.3）$$

這裡又會將比例常數 λ 稱為衰變常數。那麼，半衰期 $T_{1/2}$ 就能以下面算式表示。

$$T_{1/2}=\frac{\ln2}{\lambda} \qquad （10.4）$$

表10.2、**表10.3** 彙整出地球行星科學會使用的放射性衰變元

表10.3 地球行星科學定年法會使用的短命放射性核種（Ma 為百萬年）

母核種	半衰期	子核種	太陽系誕生 α
^{7}Be	53.1 d	^{7}Li	$(6.1\pm1.3)\times10^{-3}\times{}^9$Be
^{41}Ca	0.102 Ma	^{41}K	$4\times10^{-9}\times{}^{40}$Ca
^{36}Cl	0.301 Ma	^{36}S, ^{36}Ar	$1.8\times10^{-5}\times{}^{35}$Cl
^{26}Al	0.717 Ma	^{26}Mg	$(5.23\pm0.13)\times10^{-5}\times{}^{27}$Al
^{10}Be	1.387 Ma	^{10}B	$(8.8\pm0.6)\times10^{-4}\times{}^9$Be
^{135}Cs	2.3 Ma	^{135}Ba	$4.8\times10^{-4}\times{}^{133}$Cs
^{60}Fe	2.62 Ma	^{60}Ni	$(7.1\pm2.3)\times10^{-9}\times{}^{56}$Fe
^{53}Mn	3.74 Ma	^{53}Cr	$(6.71\pm0.56)\times10^{-6}\times{}^{55}$Mn
^{107}Pd	6.5 Ma	^{107}Ag	$(5.9\pm2.2)\times10^{-5}\times{}^{108}$Pd
^{182}Hf	8.90 Ma	^{182}W	$(9.81\pm0.41)\times10^{-5}\times{}^{180}$Hf
^{247}Cm	15.6 Ma	^{235}U	$(1.1–2.4)\times10^{-3}\times{}^{235}$U
^{129}I	15.7 Ma	^{129}Xe	$10^{-4}\times{}^{127}$I
^{205}Pb	17.3 Ma	^{205}Tl	$10^{-3}\times{}^{204}$Pb
^{92}Nb	34.7 Ma	^{92}Zr	$10^{-5}\times{}^{93}$Nb
^{146}Sm	68 Ma	^{142}Nd	$(9.4\pm0.5)\times10^{-3}\times{}^{144}$Sm
^{244}Pu	80.0 Ma	Fission products	$7\times10^{-3}\times{}^{238}$U

素。與地球的壽命相比，若存在半衰期較長的核種，那麼母核種得以繼續存在。如果是半衰期短的母核種，則會衰變成子核種，母核種本身將完全消失。因此，半衰期的長短在定年法上所運用的原理及求得的年代值含意也會不盡相同。

10.6 使用長壽核種的定年法原理

構成太陽系的元素，基本上都是在太陽系誕生前的核融合反應時形成（第7章）。如果是半衰期比太陽系年紀更長的元素（$T_{1/2} > 10$億年），那麼元素中會殘留母核種，能直接測出母核種與子核種的比值（類似的數值），算出岩石何時出現結晶作用。

利用公式（10.3）導出岩石形成的年代時，不只要考量來自放射性衰變的子核種，也要考量岩石本身所含的子核種與同種元素（原生元素）。另外，以技術面來說，要分析出元素的絕對濃度有其難度，改分析類似元素比與同位素比這類相對比值會容易許多。這時多半會以時間固定的子核種穩定同位素D_s規格化公式（10.3）的兩邊。

實際舉個例子，假設鈾238（^{238}U）放射性衰變成鉛206（^{206}Pb）的半衰期為44.5億年。鉛本身存在4種同位素（^{204}Pb、^{206}Pb、^{207}Pb、^{208}Pb），以地球或太陽系的歷史來說，^{204}Pb的數量並不會因為時間的推移有所改變。這時，將公式（10.3）兩邊除以^{204}Pb，會得到下述公式。

$$\left(\frac{^{206}Pb}{^{204}Pb}\right)_{obs} = \left(\frac{^{206}Pb}{^{204}Pb}\right)_0 + \left(\frac{^{238}U}{^{204}Pb}\right)_{obs} \times [\exp(\lambda_{238}t) - 1] \qquad (10.5)$$

公式右邊的第1項代表岩石形成時就含有的鉛（$^{206}Pb/^{204}Pb$）$_0$。在公式（10.5）中，（$^{206}Pb/^{204}Pb$）$_{obs}$和（$^{238}U/^{204}Pb$）$_{obs}$是透過岩石分析求出的目前數值，將兩者分別代入X與Y，就能得到1次函數$Y = aX + b$的關係。那麼，我們又該如何用此公式算出「年代」呢？岩漿凝固成岩石時，岩石中的鉛同位素比（$^{206}Pb/^{204}Pb$）為均值（也就是固定值）。不過，礦物及岩石不同地點的U/Pb比存在差異，因

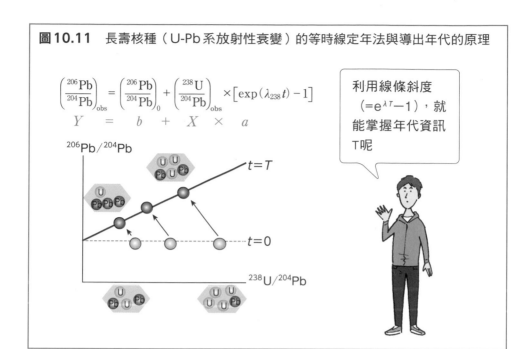

圖 10.11 長壽核種（U-Pb 系放射性衰變）的等時線定年法與導出年代的原理

$$\left(\frac{^{206}\text{Pb}}{^{204}\text{Pb}}\right)_{obs} = \left(\frac{^{206}\text{Pb}}{^{204}\text{Pb}}\right)_0 + \left(\frac{^{238}\text{U}}{^{204}\text{Pb}}\right)_{obs} \times \left[\exp(\lambda_{238}t) - 1\right]$$

$$Y = b + X \times a$$

利用線條斜度（=$e^{\lambda T}-1$），就能掌握年代資訊 T 呢

$^{206}\text{Pb}/^{204}\text{Pb}$

$t=T$

$t=0$

$^{238}\text{U}/^{204}\text{Pb}$

此會得到像是橘色點線的橫線圖表（**圖 10.11**）。隨著時間的經過，只要礦物中 ^{238}U 含量愈多，形成的 Pb 也會愈多，那麼在經歷 T 的時間後，線條也會跟著紅色數據出現傾斜。接著再把紅色數據的分析值和 1 次函數 $Y = aX + b$ 擬合，求出斜度 $[\exp(\lambda_{238}T - 1)]$，就能算出岩石凝固後所經歷的時間 T。此方法能直接求得年代「距今○○億年」，所以稱為**絕對定年法**（下節會說明**相對定年法**）。

要注意的是，使用此手法有個必須符合的前提條件，那就是「岩石形成後，原子沒有出現增減變化」（此條件又名為「封閉系統」）。把系統比喻成沙漏，一旦沙漏出現裂痕，沙子就會傾洩漏出，當然就無法測得正確年代。進行 U-Pb 年代分析時，岩石形成後就算經歷 500 ～ 900℃的熱衰變也不會使元素出現增減。然而，只要長時間超出此溫度，岩石中的鉛就會移動，如此一來將無法算出正確的結晶化年代。元素介於是否移動的臨界溫度一般又稱為封存溫度。

10.7 使用短命核種的定年法原理

接著以 $^{26}\text{Al} - ^{26}\text{Mg}$ 系元素，說明如何使用短命核種進行定年分析。^{26}Al 的半衰期約72萬年，比太陽系的年齡短上許多，所以目前的天然樣本是完全找不到 ^{26}Al 的。這時，就要把Al的穩定核種 ^{27}Al 代入橫軸分子項目。

$$\left(\frac{^{26}\text{Mg}}{^{24}\text{Mg}}\right)_{\text{obs}} = \left(\frac{^{26}\text{Mg}}{^{24}\text{Mg}}\right)_{0} + \left(\frac{^{27}\text{Al}}{^{24}\text{Mg}}\right)_{\text{obs}} \times \left(\frac{^{26}\text{Al}}{^{27}\text{Al}}\right)_{0} \tag{10.6}$$

假設時刻0的鎂同位素比（$^{26}\text{Mg}/^{24}\text{Mg}$）和長壽核種的公式一樣，都是固定值，那麼會像**圖10.12**的藍色數據一樣，呈一條橫線。^{27}Al 含量較多的礦物或岩石 ^{26}Al 也會較多，那麼在經過時間T後，子核種 ^{26}Mg 增加的機率同樣較高。若是 ^{27}Al 含量較少的礦物或岩石，^{26}Mg 增加的機率就會較低，這時就像紅色數據一樣，會是一條往右上方攀升的直線。與圖10.11的最大差異，在於無論是 $t = 0$ 或 $t = T$，（$^{27}\text{Al}/^{24}\text{Mg}$）$_{\text{obs}}$ 的值都不會改變，即便過了段時間，代表個數據的點也只會往正上方移動。在公式（10.6）中，我們可以把（$^{26}\text{Mg}/^{24}\text{Mg}$）$_{\text{obs}}$ 和（$^{27}\text{Al}/^{24}\text{Mg}$）$_{\text{obs}}$ 透過量測值和線性回歸直線的

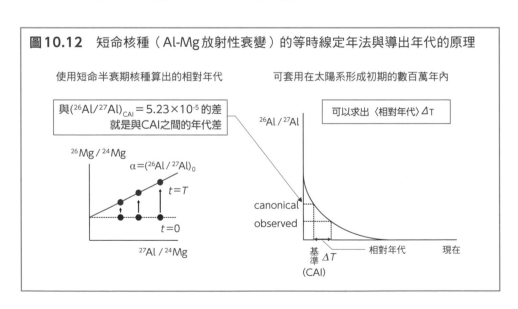

圖10.12 短命核種（Al-Mg 放射性衰變）的等時線定年法與導出年代的原理

使用短命半衰期核種算出的相對年代

可套用在太陽系形成初期的數百萬年內

與($^{26}\text{Al}/^{27}\text{Al}$)$_{\text{CAI}} = 5.23 \times 10^{-5}$ 的差就是與CAI之間的年代差

可以求出〈相對年代〉ΔT

$^{26}\text{Mg} / ^{24}\text{Mg}$

$\alpha = (^{26}\text{Al} / ^{27}\text{Al})_{0}$

$t = T$

$t = 0$

$^{27}\text{Al} / ^{24}\text{Mg}$

$^{26}\text{Al} / ^{27}\text{Al}$

canonical

observed

基準（CAI）

ΔT

相對年代

現在

斜率，決定未知數（$^{26}Al/^{27}Al$）$_0$的數值。算出的（$^{26}Al/^{27}Al$）$_0$就是岩石凝固時的鋁同位素，又稱作**初始值**（initial ratio）。分子的^{26}Al屬放射性核種，（$^{26}Al/^{27}Al$）$_0$會隨時間減少，根據物質A初始值（$^{26}Al/^{27}Al$）$_{A0}$與物質B初始值（$^{26}Al/^{27}Al$）$_{B0}$的大小關係，就能算出何者（相對年代）較古老以及程度差異（圖10.12右）。目前我們會利用U-Pb系放射性衰變算出絕對年代為45.67億年的鈣鋁包裹體（Ca-Al-rich Inclusion，簡稱CAI）（$^{26}Al/^{27}Al$）$_{CAI}$ = 5.23×10^{-5}為基準，所以在探討Al-Mg系的放射性衰變時，就會作出「年代比CAI還要年輕個○○萬年」的形容方式。

下一章會接續探討長壽核種的**絕對年代**與短命核種的**相對年代**手法並用後，所掌握到的太陽系歷史。

第11章 從地球外物質探究太陽系的歷史 ～太陽系年代學入門～

本章將探討透過各種地球外物質的年代分析，逐步了解太陽系的物質演化。

11.1 太陽的組成與原始物質

圖11.1是透過分光分析所掌握的太陽大氣層結構（縱軸），以及在法國發現的碳質球粒隕石（Ivuna；CI類別）化學結構比較圖。依照先前的慣例，當太陽成分中氫含量的對數為12，且隕石成分中矽含量的對數為6，那麼排除掉部分元素後，就能畫出斜度為45度的直線，因此可以得知，Ivuna隕石的化學結構與太陽一致。這也代表著當表面溫度為6000度的太陽降至常溫（室溫）時，基本上結構就會等同CI類別。不過，仔細觀察圖11.1，卻又會發現氦（He）、氖（Ne）、氬（Ar）等稀有氣體以及碳（C）、氫（H）、氧（O）、氮（N）等會分布在斜度45度直線的上方區域。因為這些元素容易揮發，很難保留在隕石這類固態物質中。另外，位於斜線下方的鋰（Li）歷經超過100萬度的高溫後就會損毀，所以太陽系誕生時大氣層裡並不存在鋰。這裡的鋰應該是太陽經過46億年的對流，移動至內部高溫區域後衰變而成。

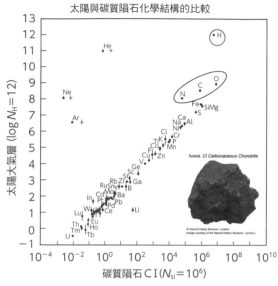

圖 **11.1** CI類別的碳質球粒隕石（Ivuna）與太陽光球的成分比較

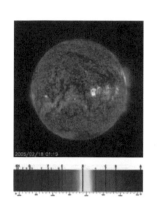

縱軸為太陽的分光分析結果，橫軸則是CI隕石，
結果會是傾斜45度的直線，就代表兩者的結構幾
乎一模一樣。

11.2 源自太陽星雲的固化～氣相—固相的平衡過程～

　　重力處於平衡狀態的氣體球體重力位能可用 $-\frac{3}{5} \times \frac{GM^2}{R}$ 來表示。
6.2節有提到，分子雲收縮數百萬分之1變成原太陽的時間約為數百
萬年。也就是說，質量 $1M_\odot$ 的氣體如果是以 10^6 年的時間從 $10^6 R_\odot$ 收
縮成 $1R_\odot$，將能算出原恆星誕生時每單位時間釋放的能量〔稱作光
度，單位為 erg/sec 或瓦（W）〕，並發現當時的原太陽比現在的太陽
還要明亮好幾十倍。這時便能推論，原太陽星雲0.6天文單位之內的
溫度基本上是會高到讓所有的固體成分變成氣體（＞2000K）。

表11.1 原太陽星雲的物質凝結溫度〔改編自 Grossman（1972）〕

礦物名	化學式	凝結溫度(K)	消失溫度(K)
剛玉（corundum）	Al_2O_3	1758	1513
鈣鈦礦（perovskite）	$CaTiO_3$	1647	1393
黃長石（melilite）	$Ca_2Al_2SiO_7$-$Ca_2MgSi_2O_7$	1625	1450
尖晶石（spinel）	$MgAl_2O_4$	1513	1362
鎳鐵合金	FeNi	1473	
透輝石（diopside）	$CaMgSi_2O_6$	1450	
鎂橄欖石（forsterite）	Mg_2SiO_4	1444	
鈣長石（anorthite）	$CaAl_2Si_2O_8$	1362	
頑火輝石（enstatite）	$MgSiO_3$	1349	
綠鉻礦（eskolaite）	Cr_2O_3	1294	
金屬鈷	Co	1274	
硫錳礦（alabandite）	MnS	1139	
金紅石（rutile）	TiO_2	1125	
鹼性長石（alkali feldspar）	（Na, K）$AlSi_3O_8$	～1000	
隕硫鐵（troilite）	FeS	700	
磁鐵礦（magnetite）	Fe_3O_4	405	
水（冰）（water-ice）	H_2O	≦200	

　　原太陽星雲的溫度終於降至1800K，這時凝結溫度較高的元素開始接二連三地析出成固體（**表11.1**）。舉例來說，礦物主要元素的鋁（Al）、鈣（Ca）在早期階段（＞1500K）就會出現於礦物晶，並從原太陽星雲中消失。溫度繼續下降時，星雲氣體中剩下的元素會接連變成固體。以宇宙化學的角度來說，會將凝結溫度比金屬鐵或鎂橄欖石（約1450k以上）還要高的元素稱作**難揮發元素**，凝結溫度比金屬鐵或鎂橄欖石低，但是遠高於硫磺（約700k以上）的元素稱作**中度揮發元素**，其餘的則稱為**揮發性元素**。**表11.2**彙整出各元素的凝結溫度與主要結晶相。

　　由各種星體殘骸構成的分子雲在化學表現上並不一致，但太陽系誕生之初，太陽系內側的溫度會攀升至2000度左右，分子雲經充分混合，就會變成質地均勻的星雲氣體。隨著後來溫度降低，根據元素揮發／難揮發的差異，物質也會變得非常多樣〔不過，以$1\mu m$大小

觀察地球外物質的話，就會發現殘留下一些非常稀少，但是帶有太陽系前驅天體情報，且同位素性質不同的粒子，稱作太陽前顆粒（presolar grains）〕。

11.3 太陽系最古老凝結物CAI與球粒

隕石中比較有特色的組織物包含了**鈣鋁包裹體**（Ca-Al-rich Inclusion，簡稱CAI）和**球粒**。澳洲國立大學Amelin等人所組成的研究團隊調查了阿顏德（Allende）隕石的CAI、球粒的U-Pb放射性衰變，得知結晶化年代分別為45.6772億年與45.6545億年〔Connell et al.（2008），**圖11.2**〕。因為從阿顏德隕石中並未找到結晶化年代比CAI還要古老的物質，再加上CAI主要成分的Ca及Al不僅是難揮發元素，更是來自太陽星雲的初期凝結物（表11.2）。站在宇宙地球

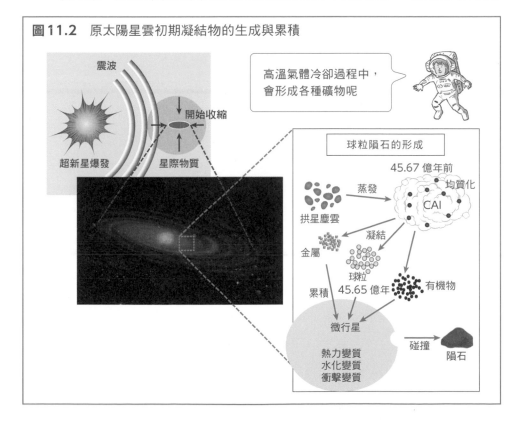

圖11.2　原太陽星雲初期凝結物的生成與累積

震波

高溫氣體冷卻過程中，
會形成各種礦物呢

開始收縮

超新星爆發　　星際物質

球粒隕石的形成

45.67 億年前

蒸發　　　　　均質化

拱星塵雲　　　　　CAI

凝結

金屬

球粒

有機物

累積　45.65 億年

微行星

碰撞

隕石

熱力變質
水化變質
衝擊變質

表11.2　太陽系中，具豐度之各類元素的凝結溫度及凝相（改編自Lodders）

元素	凝結溫度 (K)	開始凝結相 (固溶體)	50%凝結溫度(K)	初相
H	182	H_2O 水		
He	< 3	He 冰		
Li		（Li_4SiO_4, Li_2SiO_3）	1142	鎂橄欖石、頑火輝石
Be		（$BeCa_2Si_2O_7$）	1452	黃長石
B		（$CaB_2Si_2O_8$）	908	長石
C	78	$CH_4 \cdot 7\,H_2O$	40	$CH_4 \cdot 7\,H_2O + CH_4$ 冰
N	131	$NH_3 \cdot H_2O$	123	$NH_3 \cdot H_2O$
O	182	H_2O 水	180	矽酸鹽、氧化物、冰
F	739	$Ca_5〔PO_4〕_2F$	734	氟磷灰石
Ne	9.3	Ne 冰	9.1	Ne 冰
Na		（$NaAlSi_3O_8$）	958	長石
Mg	1397	尖晶石		
	1354	鎂橄欖石	1336	鎂橄欖石
Al	1677	Al_2O_3	1653	黑鋁鈦鈣石
Si	1529	鈣黃長石		
	1354	鎂橄欖石	1310	鎂橄欖石、頑火輝石
P	1248	Fe_3P	1229	隕磷鐵鎳礦
S	704	FeS	664	隕硫鐵
Cl	954	$Na_4〔Al_3Si_3O_{12}〕Cl$	948	方鈉石
Ar	48	$Ar \cdot 6\,H_2O$	47	$Ar \cdot 6\,H_2O$
K		（$KAlSi_3O_8$）	1006	長石
Ca	1659	$CaAl_{12}O_{19}$	1517	黑鋁鈦鈣石、鈣黃長石
Sc		（Sc_2O_3）	1659	黑鋁鈦鈣石
Ti	1593	$CaTiO_3$	1582	鈦酸鹽
V		（VO, V_2O_3）	1429	鈦酸鹽
Cr		（Cr）	1296	金屬鐵
Mn		（Mn_2SiO_4, $MnSiO_3$）	1158	鎂橄欖石、頑火輝石
Fe	1357	金屬鐵	1334	金屬鐵
Co		（Co）	1352	金屬鐵
Ni		（Ni）	1353	金屬鐵
Cu		（Cu）	1037	金屬鐵
Zn		（Zn_2SiO_4, $ZnSiO_3$）	726	鎂橄欖石、頑火輝石
Ga		（Ga, Ga_2O_3）	968	金屬鐵、長石
Ge		（Ge）	883	金屬鐵
As		（As）	1065	金屬鐵
Se		（$FeSe_{0.96}$）	697	隕硫鐵
Br		（$CaBr_2$）	546	氯磷灰石
Kr	53	$Kr \cdot 6\,H_2O$	52	$Kr \cdot 6\,H_2O$
Rb		（Rb 矽酸鹽）	800	長石
Sr		（$SrTiO_3$）	1464	鈦酸鹽
Y		（Y_2O_3）	1659	黑鋁鈦鈣石
Zr	1764	ZrO_2	1741	二氧化鋯
Nb		（NbO, NbO_2）	1559	鈦酸鹽
Mo		（Mo）	1590	難揮發合金

元素	凝結溫度（K）	開始凝結相（固溶體）	50%凝結溫度（K）	初相
Ru		（Ru）	1551	難揮發合金
Rh		（Rh）	1392	難揮發合金
Pd		（Pd）	1324	金屬鐵
Ag		（Ag）	996	金屬鐵
Cd		（$CdSiO_3$, CdS）	652	頑火輝石、隕硫鐵
In		（InS, InSe, InTe）	536	隕硫鐵
Sn		（Sn）	704	金屬鐵
Sb		（Sb）	979	金屬鐵
Te		（Te）	709	金屬鐵
I		（CaI_2）	535	氯磷灰石
Xe	69	$Xe \cdot 6 H_2O$	68	$Xe \cdot 6 H_2O$
Cs		（Cs 矽酸鹽）	799	長石
Ba		（$BaTiO_3$）	1455	鈦酸鹽
La		（La_2O_3）	1578	黑鋁鈦鈣石、鈦酸鹽
Ce		（CeO_2, Ce_2O_3）	1478	黑鋁鈦鈣石、鈦酸鹽
Pr		（Pr_2O_3）	1582	黑鋁鈦鈣石、鈦酸鹽
Nd		（Nd_2O_3）	1602	黑鋁鈦鈣石
Sm		（Sm_2O_3）	1590	黑鋁鈦鈣石、鈦酸鹽
Eu		（EuO, Eu_2O_3）	1356	黑鋁鈦鈣石、鈦酸鹽、長石
Gd		（Gd_2O_3）	1659	黑鋁鈦鈣石
Tb		（Tb_2O_3）	1659	黑鋁鈦鈣石
Dy		（Dy_2O_3）	1659	黑鋁鈦鈣石
Ho		（Ho_2O_3）	1659	黑鋁鈦鈣石
Er		（Er_2O_3）	1659	黑鋁鈦鈣石
Tm		（Tm_2O_3）	1659	黑鋁鈦鈣石
Yb		（Yb_2O_3）	1487	黑鋁鈦鈣石、鈦酸鹽
Lu		（Lu_2O_3）	1659	黑鋁鈦鈣石
Hf	1703	HfO_2	1684	HfO_2
Ta		（Ta_2O_5）	1573	黑鋁鈦鈣石、鈦酸鹽
W		（W）	1789	難揮發合金
Re		（Re）	1831	難揮發合金
Os		（Os）	1812	難揮發合金
Ir		（Ir）	1603	難揮發合金
Pt		（Pt）	1408	難揮發合金
Au		（Au）	1060	金屬鐵
Hg		（HgS, HgSe, HgTe）	252	隕硫鐵
Tl		（Tl_2S, Tl_2Se, Tl_2Te）	532	隕硫鐵
Pb		（Pb）	727	金屬鐵
Bi		（Bi）	746	金屬鐵
Th		（ThO_2）	1659	黑鋁鈦鈣石
U		（UO_2）	1610	黑鋁鈦鈣石

※22.75%的氧在冰凝固前就會凝結成岩石的一部分

科學的角度，就會認定「CAI固化年代45.6772億年＝太陽系的年齡」。所以我們常說「太陽系的年紀是46億年」，是將CAI的U-Pb年代四捨五入後所得到的數字。

另外，調查了CAI的Al-Mg結構後，發現鎂26（^{26}Mg）過量，所以CAI凝結時，還殘留了半衰期約72萬年的^{26}Al（10.6節）。由此可知，太陽系誕生前「最後的元素合成」還需要經歷數百萬年的時間，才會邁入太陽系固化階段（也就是好幾倍的^{26}Al半衰期）。此期間的長短正好與力學上星際氣體開始收縮到原太陽誕生的時間尺度一致〔公式（6.5）〕，因此一般認為，太陽之所以能夠誕生，要歸功於能合成出^{26}Al的超新星爆發震波，或是爆發前巨星所產生的輻射壓或星體風壓使星際氣體收縮。

人們更認為球粒應該是從1500℃快速加熱至1900℃後即刻冷卻所形成，雖然目前還不知道當中的形成機制，但透過U-Pb系定年、Al-Mg系定年的年代考察，已可知球粒是在CAI形成後200萬年內所形成。

11.4 隕石母天體的熱力變質與水化變質

前一章有提到，我們會將球粒隕石依照礦物學上的組織特徵，細分成1～6類岩石。Trieloff et al.（2003）等資料提到，針對不同岩石類型的一般球粒隕石（H類），分析了不同封存溫度所對應到的年代，發現（i）以岩石類型來說，第3類到第6類的定年結果會愈趨年輕，（ii）會依H4、H5、H6的順序緩慢降溫（**圖11.3**）。從上述現象可以得知，H型球粒隕石母天體由外往內為3、4、5、6類的洋蔥式結構，中心處歷經1000度高溫後，會再耗時2億年，由外往內逐漸降溫（Onion shell結構。**圖11.4**）。同時還可根據每顆隕石的冷卻速度（降溫程度），推測H型球粒隕石的母天體直徑約為100km，LL型球粒隕石母天體的大小則是20～30km左右。

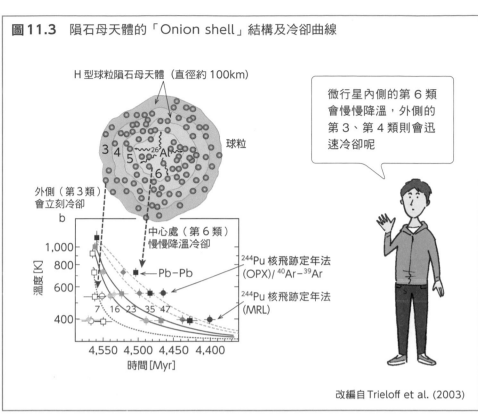

圖11.3　隕石母天體的「Onion shell」結構及冷卻曲線

H型球粒隕石母天體（直徑約100km）

球粒

外側（第3類）
會立刻冷卻

中心處（第6類）
慢慢降溫冷卻

^{244}Pu核飛跡定年法
(OPX)/^{40}Ar–^{39}Ar

^{244}Pu核飛跡定年法
(MRL)

Pb–Pb

溫度[K]

1,000
800

600

400

7　16　23　35　47

4,550　4,500　4,450　4,400

時間[Myr]

微行星內側的第6類
會慢慢降溫，外側的
第3、第4類則會迅
速冷卻呢

改編自Trieloff et al. (2003)

圖11.4　碳質球粒隕石Mn-Cr年代

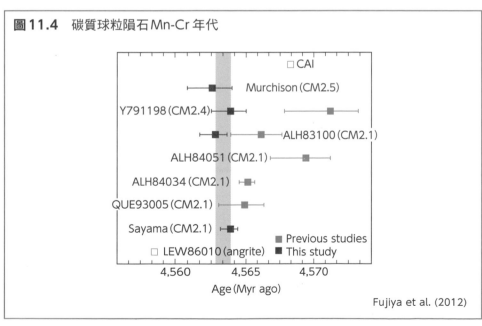

□ CAI

Murchison (CM2.5)

Y791198 (CM2.4)

ALH83100 (CM2.1)

ALH84051 (CM2.1)

ALH84034 (CM2.1)

QUE93005 (CM2.1)

Sayama (CM2.1)

□ LEW86010 (angrite)

■ Previous studies
■ This study

4,560　　4,565　　4,570

Age (Myr ago)

Fujiya et al. (2012)

那麼，隕石母天體發生的水化變質又是什麼情況呢？Fujiya et al. (2012)聚焦於當水存在時所形成的碳質球粒隕石，並針對隕石中的碳酸鹽礦物〔方解石（$CaCO_3$）及白雲石（$CaMg(CO_3)_2$）〕仔細進行了Mn-Cr系定年，發現水化變質的岩石類型雖然不像熱力變質一樣，和年代有顯著相關，但定年後的結果集中於45.634 ± 0.005億年（**圖11.4**）。如果碳質球粒隕石的母天體在CAI形成後300萬年內累積成微行星的大小，那就會受到後述[26]Al衰變熱的影響變高溫。由於研究人員能夠偵測到微弱的水化變質，所以才會提出碳質球粒隕石的母天體是在太陽系誕生350萬年後才累積形成的結論。

11.5 微行星的內部溫度

由塵埃集結而成的微行星溫度最高可以到達幾度，是取決於什麼呢？答案是 [1] 熱能來源的放射性元素[26]Al在殘留期間是以多快的速度聚集，以及 [2] 可以變得多大？若是[26]Al減少時，塵埃集結並形成微行星的話，那麼微行星的溫度不會變得太高，並在保留球粒等組織的狀態下降溫固化（前面提到的球粒隕石）。反觀，如果微行星生成的時間點正好是富含[26]Al期間，那麼在放射性衰變產生的熱能與保溫作用的影響下，微行星內部溫度會變高。舉例來說，若是CAI形成150萬年後開始集結，那麼微行星的中心溫度不會超過1000K，還會保留下球粒等初期集結物的組織。但如果是在太陽系形成最初階段就集結成50km的大小，這時微行星內部溫度會高於1800K，球粒等礦物組織也會完全消失〔此階段的微行星碎片稱為原始無球粒隕石（primitive achondrite）〕。

尤其是整顆微行星開始出現大規模熔融時，質量重的鐵會下沉至天體中心，形成核心，周圍則會包覆著由矽酸鹽地函所形成的雙層結構。微行星整個熔融掉後，核心部分會因為天體彼此毀滅性的碰撞而破碎，最後變成鐵隕石墜落地球。另外，石鐵隕石中，名為橄欖隕鐵的類群則被認為是源自鐵質核心和矽酸鹽地函邊界的物質。

鐵質核心和矽酸鹽地函又是何時開始出現化學分離的呢？可以從原子序74鎢（W）的同位素比找到線索（原理會於12.1節說明）。Yin et al.（2002）、Klein et al.（2002）等資料提到，徹底調查HED隕石的Hf-W系定年，發現HED隕石母天體（小行星的灶神星？）是在CAI形成380 ± 130萬年後，出現核心與地函的分離。另外，仔細分析了鐵隕石的Hf-W系定年，則發現大多數的鐵隕石都是在太陽系誕生後150萬年內形成的〔Schersten et al.（2006）〕。

11.6 部分矽酸鹽地函的熔融與玄武岩地殼

玄武岩是一種火成岩，不只出現在地球，另外像是月球、水星、火星、金星等太陽系的岩石行星也都發現到大量的玄武岩。歷經化學分離的隕石群中，產出頻率最高的HED隕石—鈣長輝長無球粒隕石（Eucrite）其實也是玄武岩的一種。這些玄武岩被認為是前述的矽酸鹽地函一部分經熔融後，所形成的初期地殼。Srinivasan et al.（2007）仔細分析了鈣長輝長無球粒隕石中，鋯石（$ZrSiO_4$）的Hf-W系定年，得到鈣長輝長無球粒隕石母天體的初期地殼要等到太陽系誕生400～600萬年後才形成的結論。這個年代與HED母天體核心—地函分離的年代相近，因此可以說地殼—地函—地核層結構幾乎是出現在同個時期。

11.7 太陽系初期固態天體的演化

前面相繼探討了隕石的特徵、地球化學上的特性，讓我們逐漸掌握到太陽系初期，微行星演化的模樣如圖11.5所示。太陽系初期的凝結物累積（階段1），整顆天體熔融（階段2）後，化學分離出鐵核心與矽酸鹽地函（階段3），接著部分的矽酸鹽地函熔融，形成地殼（階段4）。地表上可以發現各式各樣的隕石，它們代表著不同的微行星進行與母天體相異的演化時，於各個階段所產生的碎片，其中

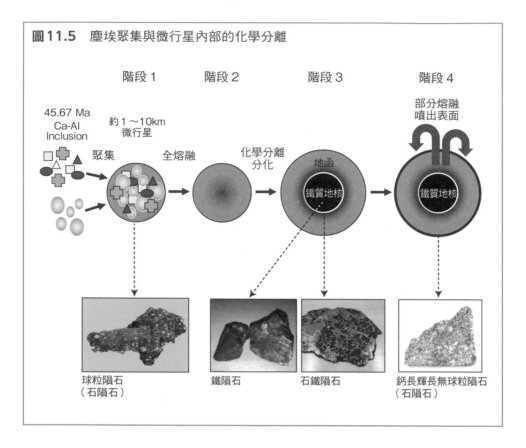

圖11.5 塵埃聚集與微行星內部的化學分離

階段1　　　階段2　　　階段3　　　階段4

45.67 Ma
Ca-Al
Inclusion

約1～10km
微行星

部分熔融
噴出表面

聚集　　　全熔融　　　化學分離
　　　　　　　　　　　分化

地函

鐵質地核　　　鐵質地核

球粒隕石
（石隕石）

鐵隕石　　　石鐵隕石

鈣長輝長無球粒隕石
（石隕石）

包含了隨處可見球粒的球粒隕石，而隼鳥1號從小行星糸川帶回的微粒樣本則是在階段1就停止演化的天體碎片。另外，鐵隕石和石鐵隕石是演化到階段3的天體碎片，鈣長輝長無球粒隕石等玄武岩則被認為是邁入階段4的時候，噴出微行星表面的熔岩。

　　近年隨著分析技術的進步，研究人員接連發現形成年代比鈣長輝長無球粒隕石久遠的鐵隕石〔IIAB、IVA的Hf-W系定年結果為45.66億年；Kleine et al.（2008）〕及玄武岩〔鈦輝無球粒隕石：Pb-Pb定年結果＝45.662億年；Baker et al.（2005）〕。這意味著CAI形成（＝45.67億年）後的200萬年內在某個地點形成球粒，同時間其他地點也誕生了會形成「鐵—矽酸鹽地函」及玄武岩熔岩的微行星。看來，太陽星雲內就是像這樣同時存在許多成長速度相異的微行星呢（**圖11.6**）。

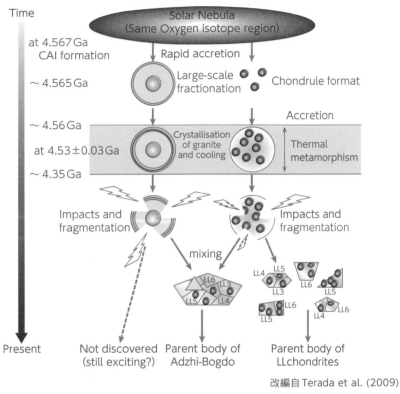

圖11.6 成長速度相異的微行星歷經碰撞、破碎、聚集之過程

改編自 Terada et al. (2009)

有些微行星的形成速度很快，有些則是慢慢形成呢。
這些微行星也有可能相互碰撞後，又混合聚集成隕
石呦。

11.8 太陽系年代學中尚未釐清的議題

前面我們以會讓固態樣本變封閉系統的放射性衰變年代為出發
點，闡述了太陽系初期的固態演化。但由於原太陽星雲的消散時期與
木星形成的年代沒有固態物質，所以很難站在前述的年代學角度作探
討。接下來跟各位介紹幾個推論的方法。

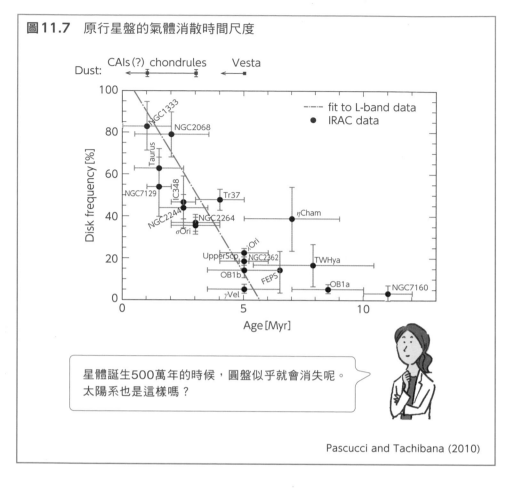

圖11.7　原行星盤的氣體消散時間尺度

Pascucci and Tachibana (2010)

　　目前已經不存在能決定行星特徵的原太陽星雲，因此無人以定量的角度進行和年代相關的議論。反觀，太陽系外恆星誕生時的觀測數據相當豐富，能作統計學上的探討。**圖11.7**可以看出已知年齡星團的原行星盤豐度（Pascucci（2010））。從這張圖能夠發現，在多數星系裡，星雲氣體會在恆星誕生的500萬年內消散。將此結果與隕石年代學的見解作對照，就不難想像CAI與球粒形成時還殘存著原太陽星雲，接著小行星灶神星形成，出現地核─地函結構層及地殼時，應該有超過一半的氣體跟著消散。

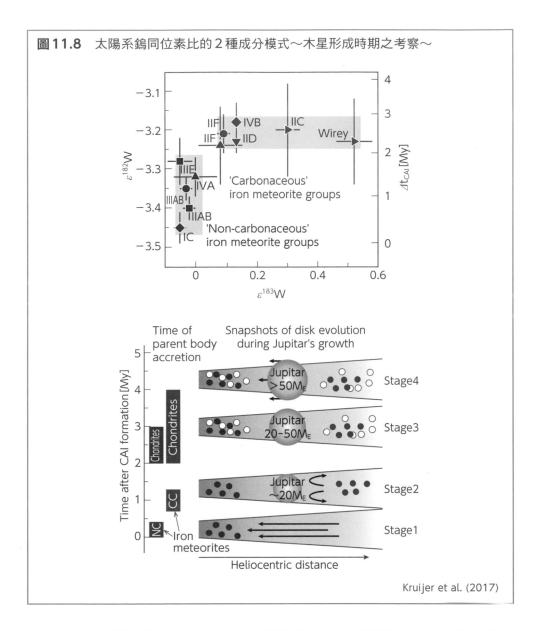

圖11.8 太陽系鎢同位素比的2種成分模式～木星形成時期之考察～

Kruijer et al. (2017)

　　那麼，行星之王「木星」誕生時又是什麼情況呢？以太陽系形成論來說，木星、土星等氣態巨行星形成時，會先有質量約地球10～20倍的固態核心，接著來自星雲的氣體會大規模吸積，所以在木星誕生的區域，也就是原太陽星雲形成了圓盤裂口（參照9.3節。最近ALMA望遠鏡也實際觀測到有著類似裂口的原行星盤）。**Kruijer et** al. (2017)資料提到，詳細調查了鐵隕石的鉬（Mo）同位素比和Hf-W系定年，發現當中存在著2個不同起源的區域。假設原太陽星雲分離成2個區域的機制，造就了「原始木星的誕生」，根據隕石的年代，將能提出下面論述，那就是木星核心的質量在太陽系形成後的100萬年內，成長為地球20倍左右，又再接下來的300～400萬年，持續成長為地球的50倍（**圖11.8**）。此發展模式看似合理且妥當，但目前尚無法認定這就是唯一可行的解釋，隨著今後的驗證分析，期待能在相關研究上有更大進展。

第**12**章 地球的歷史

前面第11章介紹了太陽系固態星體的演化過程（化學分離過程）。本章要聚焦你我居住的地球，看看地球經歷的變遷。地球史可以區分成4個時代，分別是**冥古宙**（＝無任何生物學相關跡象的時代；Hadean eon）、**太古宙**（＝從原核生物發展到真核單細胞生物的時代；Archean eon）、**元古宙**（＝出現多細胞生物之前的時代；Proterozoic eon）、**顯生宙**（＝棲息著肉眼可見生物的時代；Phanerozoic eon），這些時代與生物的形態、演化有著密切相關。

12.1 冥古宙（46億年前～40億年前）

地球誕生最剛開始的6億年屬於黑暗時代，幾乎沒有留下任何地質相關的證據，這段期間名為**冥古宙**。地球誕生初期還會頻繁地與小天體碰撞，這時地表溫度極高（> 1000℃），且處於矽酸鹽融化，名為岩漿海洋的狀態。雖然我們找不到地球化學相關的資料，佐證地球何時變成現在的大小，但是透過模式計算，粗估地球約莫耗時1千萬年，才變成目前的8成大（換算成質量約是50％）。

地核—地函分離

地球成長到某個程度時，內部開始分離成鐵核心與矽酸鹽地函。我們可以利用 ^{182}Hf-^{182}W 系放射性定年法，對時間尺度作出下述推論。

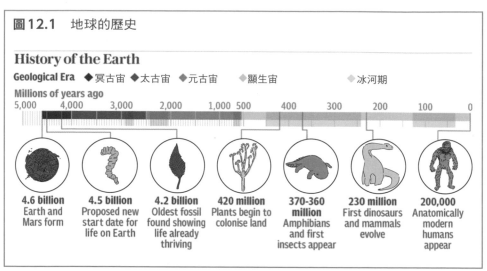

圖 12.1　地球的歷史

History of the Earth

Geological Era　◆冥古宙　◆太古宙　◆元古宙　　◆顯生宙　　　　◆冰河期

Millions of years ago
5,000　　4,000　　3,000　　2,000　　1,000 500　　400　　　300　　　200　　　100　　　0

4.6 billion
Earth and
Mars form

4.5 billion
Proposed new
start date for
life on Earth

4.2 billion
Oldest fossil
found showing
life already
thriving

420 million
Plants begin to
colonise land

**370-360
million**
Amphibians
and first
insects appear

230 million
First dinosaurs
and mammals
evolve

200,000
Anatomically
modern
humans
appear

圖 12.2　鐵質地核與矽酸鹽地函的分離時期

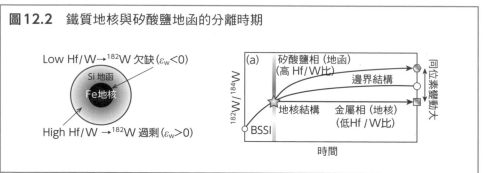

原子序72的鉿（Hf）是親岩（Lithophile）元素，會集中在矽酸鹽地函。不過，原子序74的鎢（W）是親鐵（Siderophile）元素，所以會跑到鐵質地核。這也使得矽酸鹽地函中的Hf/W比值會較太陽系平均結構（CI）或鐵質地核來的高。在這樣的地函中，當母核種 ^{182}Hf歷經900萬年的半衰期，衰變成 ^{182}W的話，地函的 ^{182}W/^{184}W比值也會比太陽系平均結構（CI）的 ^{182}W/^{184}W比還要高。只要調查其中的落差，就能掌握地核與地函是何時分離的（**圖12.2**）。Yin et al.（2002）、Kleine et al.（2002）等資料更提到，進行了月球岩石、地球岩石、火星岩石的Hf-W系放射性定年，會發現地球與月球要等到CAI形成3000萬年後，才有地核、地函之分，火星則是1300萬年。其中有個部分相當值得關注，那就是月球地核與地函分離的時間點和

地球一致，不過繼續講下去會離題，所以詳細內容會在下一章「月球的科學」繼續討論。

大氣的形成

　　目前地球表面的大氣層是由氮氣（78.08 %）、氧氣（20.94%）、氬氣（0.93%）、二氧化碳（0.03%）所組成。那麼，大氣層究竟是在什麼時候成為目前的狀態？不易被岩石及海洋吸收，也就是化學反應程度較小的稀有氣體（He、Ne、Ar、Kr、Xe）會非常適合用來探究地球大氣層起源。**圖12.3**是將地球大氣中的稀有氣體量除以太陽整體結構的結果。如果地球的大氣直接源自原太陽星雲的氣體，那麼照理說結果會是縱軸等於1的一條橫線。但是，目前地球的大氣層並非如此，反而比較類似CI型球粒隕石中的氣體豐度模式，線條往右上方攀升。由此可知，地球並不像類木行星，直接吸收原太陽星雲氣體形成大氣（9.3節），地球的大氣應該是從類似CI型隕石的固態物質所排出氣體（9.4節）。如果要從固態物質排出目前地球大氣層中所含的Ar總量，就必須融掉地球表面至少1000km深的區域（變成岩漿海洋），才有辦法排出相對應的氣體。

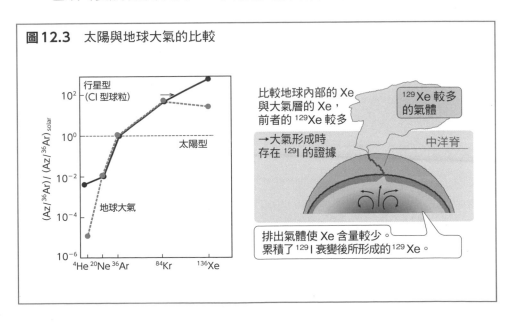

圖12.3　太陽與地球大氣的比較

那麼，地球又是何時形成這樣的大氣層呢？我們可以透過原子序54的Xe（氙）同位素來解開謎團。Xe擁有^{124}Xe、^{126}Xe、^{128}Xe、^{129}Xe、^{130}Xe、^{131}Xe、^{132}Xe、^{134}Xe、^{136}Xe總計9種穩定的同位素。其中，^{129}Xe除了包含太陽系誕生時就有的成分，同時也存在著半衰期1700萬年的碘－129（^{129}I）衰變而成的^{129}Xe。如果太陽系誕生後，岩漿歷經多時變成了大氣，依照地函中母核種^{129}I衰變消失的結果來看，大氣和地函裡的Xe同位素比照理說要一致。不過，調查了目前仍在噴發的中洋脊玄武岩（MORB：Mid Oceanic Ridge Basalt），結果發現裡頭的^{129}Xe/^{134}Xe比值比地球大氣層的還要高。這表示岩漿海洋排出氣體，形成地球大氣層的時候，岩漿海洋還殘留著^{129}I，接著^{129}I在降溫、凝固的地函內衰變成^{129}Xe並累積其中。透過詳細解析，可以推論目前大氣層裡的Xe是來自地球形成4000萬年時的大規模排氣〔Avice and Marty（2017）〕很有趣的是，這個時間點與地球分離成鐵核心與矽酸鹽地函的年代幾乎一致。換句話說，太陽系誕生3～4千萬年時，地球就已大致形成了目前的地核／地函／地殼／大氣的結構層。

地球最古老的岩石與最古老的礦物

那麼，地殼這個地球的另一層結構又是何時形成的呢？全球的研究學家都不斷在尋找世界上最古老的地殼，目前已知最古老的岩石是種名為片麻岩的變質岩〔形成大陸的花崗岩經高壓變質而成，Bowring and Williams（1999）〕，發現地點為加拿大阿拉斯加，距今有40.31億年的歷史，但是並沒有發現冥古宙的岩石〔近期，有研究學家表示在加拿大魁北克發現了42億年前的沉積岩。不過，其可信度仍有爭議（Dodd et al.（2007））〕。另外，雖然不是岩石結構，但以能夠構成岩石的礦物來說，目前已知最古老的礦物是在澳洲西部傑克丘（Jack Hills）發現，距今44億400萬±400萬年前的鋯石（$ZrSiO_4$）〔Wilde et al.（2001）；**圖12.4**〕。鋯石是種非常堅硬耐熱的礦物，推測應該是母岩遭風化侵蝕變成沉積岩時僅存的礦物。Wilde et al.（2001）等主張，如果鋯石是源自構成大陸的花崗岩，那

圖12.4　地球最古老的鋯石與U-Pb定年分析

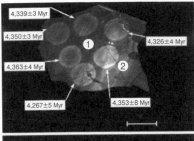

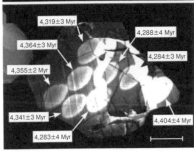

4,339±3 Myr
4,350±3 Myr
4,326±4 Myr
4,363±4 Myr
4,267±5 Myr
4,353±8 Myr

4,319±3 Myr
4,288±4 Myr
4,364±3 Myr
4,284±3 Myr
4,355±2 Myr
4,341±3 Myr
4,404±4 Myr
4,283±4 Myr

在澳洲西部傑克丘發現的鋯石中，
年代最久遠的粒子
（44 億 400 萬 ±400 萬年前）。

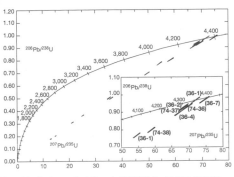

Figure 2 Combined concordia plot for grain W74/2-36, showing the U-Pb results obtained during the two analytical sessions. The inset shows the most concordant data points together with their analysis number (as in Table 1). Error boxes are shown at 1σ.

Wilde et al. (2001)

麼地球在誕生後的 1 億年內就已開始形成海洋與大陸地殼。

雖然人們手邊沒有任何地質學相關的證據，可以探討冥古宙的地球，不過，地球在誕生初期，似乎就已形成了地核／地函／地殼／大氣的基本結構層。

12.2　太古宙（40 億年前～ 25 億年前）

進入太古宙之後，就留下了幾個對於探討地球演化非常關鍵的地質學證據。其中最重要的，當然就是地球最古老生命所留下的痕跡了。

一般來說，原子序 6 的碳（C）存在 2 個重量相異的穩定同位素，分別是 ^{12}C 與 ^{13}C。透過生命活動所形成的有機物 $^{13}C/^{12}C$ 比值會比原素材的 $^{13}C/^{12}C$ 比低。反觀，副產物的二氧化碳 $^{13}C/^{12}C$ 比會比較高。所以 $^{13}C/^{12}C$ 比值較小的碳化物很有可能是生命留下的痕跡。Mojzsis

圖12.5　38.5億年前的磷灰石與含碳物質

Mojzsis et al. (1996)

et al.（1996）提到，在格陵蘭西南方阿基里亞（Akilia），距今38.50億年前的沉積岩中，發現到 ^{13}C 較少（ $\delta\,^{13}C= -37‰$ ）， $^{13}C/^{12}C$ 比值相當於現代生命活動有機物的碳質物。Komiya et al.（2017）則於2017年在加拿大拉布拉多（Labrador）的 Saglek 岩塊中，發現 ^{13}C 含量低，且歷史比定論還要回推1億年，也就是39.5億年前的碳質物（石墨）。太古宙之前的冥古宙究竟有無生命仍是未知數，但目前可以確定的是，地球早在39～40億年前就已有生命誕生。

光合作用生物的誕生

　　太古宙的地球大氣層由二氧化碳和甲烷組成，環境跟現在的地球有點像，卻又不太一樣。不過，地球大氣中的氧氣又是什麼時候才開始變多的呢？

圖12.6 37億年前的疊層石化石

5 cm

d

Nutman et al. (2016)

　　地球的氧氣是靠藍綠菌（cyanobacteria）行光合作用而來，由藍綠菌群體集結的沉積物或碳酸鹽凝固成層狀結構的岩石又會特別稱作**疊層石**（stromatolite）。Nutman et al.（2016）在格陵蘭伊蘇阿綠岩帶（Isua Greenstone Belt）這個最古老的沉積岩中，發現距今37億年前的疊層石（**圖12.6**）。在這之前，發現疊層石的地點基本上都是介於25億年前～5億年前的地層。後面會提到藍綠菌群體引發了**大氧化事件**（Great Oxygenation Event），沒想到引發此事件的主角早在太古宙初期的37億年前就已誕生，遠比過去定論的年代還要早10億年以上，這對於重新思考地球與生命歷史成了非常重要的發現。

地球磁場的誕生

　　這個時代還有另一個重大事件，那就是地球開始擁有磁場。指南針的N極之所以會指向北方，是因為整個地球就是塊北邊為S極、南邊為N極的巨大磁鐵，讓地球周圍產生磁場（地球磁層）。目前人們認為，地球內部的液態鐵對流，才會產生磁場（發電機理論）。另外還有個很有趣的發現，那就是人們發現火星和月球過去曾有過磁場，但是現在已經消失，猜測是因為火星和月球尺寸小，導致星體內部冷卻降溫，使得金屬地核無法形成足夠的對流。

　　把焦點拉回地球。其實地球磁場的誕生，對於生物演化來說是非常重要的環節。地球擁有磁場，才能抵擋掉來自外太空的有害宇宙射線，避免其直射地表。Tarduno et al.（2007）仔細測量了殘留在古老

岩石中的剩餘磁化，模擬出太古宙的地球磁場強度。結果發現太古宙初期的地球無法保留住磁場，大概要到32億年前的時候，地球的磁場強度才增加到目前的50％。我們還不清楚為何地球在這個時期開始擁有磁場。但有人認為，地球內部隨時間逐漸冷卻，地函的對流也從原本的雙層減為單層，如此大規模的結構演化是讓地球獲得磁場非常關鍵的要素。在地球尚未擁有磁場前，生命都偷偷躲在深海處，躲避有害的宇宙射線，但隨著地球形成磁場，這些生命得以將活動範圍移至地表附近。在這樣的轉變下，以陽光為活動能量來源（＝光合作用）的生命也開始變得繁榮。

12.3 元古宙（25億年前～5.4億年前）

氧氣增加、大氧化事件

如同前面所述，我們在現在的格陵蘭與澳洲西部，發現了距今30多億年前行光合作用的藍綠菌所留下的活動痕跡，不過當時大氣中的氧濃度幾乎等於零。在這種還原狀態的環境下，海水裡的鐵離子會變成Fe^{2+}並溶於水中（**圖12.7**），就在20～24億年前，情況整個改變。地球大氣層的氧濃度上升，變成氧化環境，這也使得海水中鐵離子變成Fe^{3+}並與海水的溶氧反應，形成Fe_2O_3，最後沉入海底。因為世界各地都能找到經上述方式形成的帶狀鐵礦床，所以可以得知地球曾發生大規模的氧化。這個全球規模的氧濃度急速上升現象又被稱為**大氧化事件（Great Oxygenation Event）**。

不過，氧氣為何會暴增？Sekine et al.（2011）分析了地層中所含的鉑族金屬鋨（原子序76）的同位素比，發現冰河期結束後大氣中的O_2濃度上升，源自大陸且富含放射性同位素[187]Os的Os開始氧化，變成離子並溶入河水中，最後流入海洋（當氧濃度較低，Os會不易溶於水）。研究人員由此推測，冰河期後緊接而來的劇烈暖化，使得藍綠菌這類光合作用生物大量繁殖，讓地球含氧量急速攀升，來

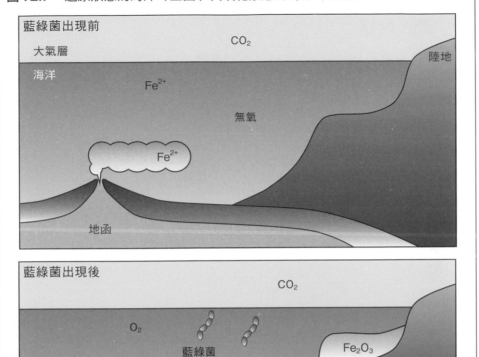

圖 12.7 　還原狀態的海洋（上圖）與氧化狀態的海洋（下圖）

藍綠菌出現前

大氣層　　　　　　　　　　CO_2　　　　　　　　　　　陸地

海洋　　　　　Fe^{2+}

　　　　　　　　　　　　無氧

　　　　Fe^{2+}

地函

藍綠菌出現後

　　　　　　　　　　　　CO_2

　　　　O_2

　　　　　藍綠菌　　　　　　　　Fe_2O_3

　　　　　　　　　　　　　　　帶狀鐵礦床

無氧　　　　　　　　　　　Fe^{2+}

　　　　Fe^{2+}　　　湧升流

海底熱泉

到目前氧濃度水準的 $1/100 \sim 1/10$。

　　地球氧濃度的上升，對於其後生物的演化也帶來莫大影響。氧氣之於我們人類是不可或缺的元素，但是對當時活動旺盛的原始微生物而言，氧氣卻是劇毒。這也使得一種有氧氣就無法活下去，名為**厭氧菌**的微生物在大氧化事件後，從地表轉往地底活動，需要氧氣的**嗜氧菌**則取代厭氧菌，成為地球生物圈的主角。甚至關係到以氧氣為能量代謝來源，同時也是所有動植物起源的**真核生物**何時現身地球（約

20億年前）。

雪團地球

地球從29億年前開始，重複經歷了數次的冰河期與間冰期。其中，距今24.5億年前至22億年前，以及7.3億年前～6.4億年前這兩段冰河期期間，地球甚至遭受到全球性的凍結，此現象又名為**雪團地球**（Snowball Earth）〔Hoffman et al.（1998）〕。佐證的科學證據如下：

（1）包含赤道附近的全球各地都曾發現冰河沉積物。

（2）能在冰河沉積物的正上方，發現寒冷期結束時，二氧化碳封存所形成的厚層碳酸鹽岩（碳酸鹽蓋層；cap carbonate）。

（3）從碳同位素的分析得知，厚厚的冰層將海洋與大氣隔離開來，導致全球停止光合作用。

（4）也因為這樣，海水中的氧氣消失，形成了只有在還原狀態下才能形成的帶狀鐵礦床。

對此，研究學家認為，行光合作用的藍綠菌大量繁殖，導致二氧化碳量變少，進而使地球大規模急凍。一旦暖化氣體減少，環境開始變得冷冽，那麼極地的冰層發展就會非常旺盛，在陽光反射作用下，只會讓整體更加寒冷。最後整顆地球覆蓋了厚達1000m的冰層，形成所謂的雪團地球。從碳同位素比也可看出，這個全球凍結的狀態持續了數億～數千萬年，導致大量生命滅絕。再加上地表凍結的緣故，岩石也停止風化。

即便整個地球處於凍結狀態，火山活動仍持續釋放二氧化碳。這也使得大氣的二氧化碳濃度慢慢升高，最終達到臨界值，並觸發溫室效應。溫室效應讓氣溫急遽攀升，極地之外的冰層在數百年內消失一空。受到溫度升至40℃的影響，地球經常發生大規模的季風與颱風，豐沛的雨水促進了岩石的化學風化，將大量的金屬離子帶入海中。金屬離子和溶於海水的二氧化碳結合，使大量的碳酸鹽岩沉澱海底，這也是為何能在冰河沉積物的正上方觀測到碳酸鹽蓋層。來自陸

地的營養鹽大幅促進了單細胞生物的光合作用，使地球開始蘊藏大量氧氣，這時海洋又再次發生**大氧化事件**，形成帶狀鐵礦床。

有趣的是，元古宙初期發生雪團地球後，行氧呼吸作用的**真核生物**活動開始旺盛（約20億年前），元古宙後期發生了雪團地球後，就出現了多**細胞生物**（約6.3億年前）。這也說明了透過光合作用消耗二氧化碳的藍綠菌大量繁殖會引發雪團地球，使生物遭受毀滅性破壞，不過，凍結結束時，急遽的暖化與高濃度的氧氣會讓生命的活動範圍擴大，物種也出現劇變。看來，地球與生命不僅息息相關，更是一同演化直至今日呢。

12.4 顯生宙（5.4億年前～現在）

元古宙後期的大冰河期結束，地球再次邁入暖化，並出現了「寒武紀大爆發」，地球也是在這時出現了大量且多樣的**多細胞生物**。顯生宙（Phanerozoic eon）這個區分地球時代的名稱源自古希臘文，意指「棲息著肉眼可見生物的時代」。其實，目前所有的動物門幾乎都是出現於顯生宙。另外，我們又從距今約4億2500萬年的志留紀地層中，發現了**最古老的陸地生物化石**（類似苔類植物），因此研判生物應該也是在這個時候開始往陸地活動。

從**圖12.8**可以看出寒武紀大爆發之後，生物「屬」分類的數量變化。這裡的「屬」是指生物基本分類（界、門、綱、目、科、屬、種）的其中一種，相當於我們平常區分狗、狐、貉的分類級別（也就是動物界脊索動物門哺乳綱食肉目犬科之下，又可以分成犬屬、狼屬、狐屬、貉屬幾種類群）。與地球誕生到寒武紀為止的40億年相比，地球的生物數大概是從5.5億年前才開始劇增。另外，我們還掌握到過去的5.5億年間，曾經出現幾次「屬」的數量突然減少的情形，此現象又稱為**生物大滅絕**。目前已知的大滅絕共有5次，分別介於多細胞生物出現的元古宙～寒武紀之後的奧陶紀後期（奧陶紀銜接志留紀的過渡時期，又稱O-S界限；約4.4億年前）、泥盆紀後期

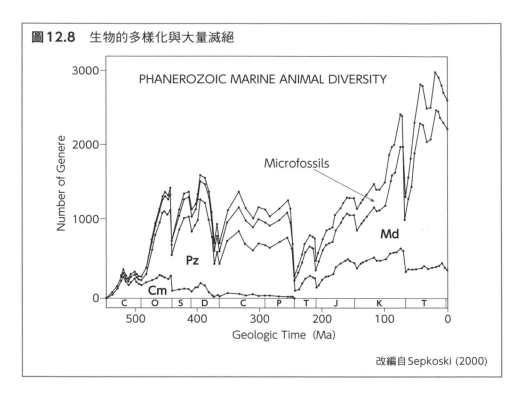

圖 12.8 生物的多樣化與大量滅絕

PHANEROZOIC MARINE ANIMAL DIVERSITY

Number of Genere

Microfossils

Md

Pz

Cm

Geologic Time（Ma）

改編自 Sepkoski（2000）

（泥盆紀銜接石炭紀的過渡時期，又稱F-F界限；約3.6～3.8億年前）、二疊紀後期（二疊紀銜接三疊紀的過渡時期，又稱P-T界限；約2.5億年前）、三疊紀後期（三疊紀銜接侏儸紀的過渡時期，又稱T-J界限；約2億年前）、白堊紀後期（白堊紀銜接古近紀的過渡時期，又稱K-Pg界限；約6550萬年前）。

古生物學上，最大宗的動物滅絕發生在二疊紀後期即將邁入三疊紀的時候（2億5千萬年），導致大約96％的生物種滅絕。從地質學的角度，也可以看出同時期出現幾個現象，分別是（1）地表存在的所有陸地幾乎聚集為一，形成終極盤古大陸、（2）發生了形成西伯利亞洪流玄武岩的6億年期間最大的火山噴發。另外，透過調查世界各地源自海洋的沉積岩，發現這個階段，也就是2.5億年前後約2000萬年期間，整個海洋處於缺氧狀態，這也意味著大規模的地殼變動很有可能就是造成生物大滅絕的直接主因。

三疊紀後期（約2億年前）歷經了三次的生物滅絕，粗估約有

76%的生物因此死亡（三疊紀後期生物大滅絕）。三次滅絕中，發生於邁入侏儸紀的過渡時期，也就是2億年前的那次滅絕，被認為是大規模火山活動導致大氣結構出現變化、氣候變動所致。另外，造成2億500～600萬年前第二次滅絕的直接因素則有可能是溶於海洋的氧氣突然大幅減量，導致**海洋無氧化**。Sato et al.（2013）發現，岐阜縣及大分縣的地層集中了原子序76的鋨（Os）與75的錸（Re）（**圖12.9**），從鋨、錸的濃度可以得知，約莫2.15億年前，地球曾遭直徑3.3～7.8km的巨大隕石撞擊。鋨、錸和白堊紀後期K-Pg界限的銥（原子序77、Ir）一樣，化學表現上都會集中於地球中心的鐵核心（親鐵元素），在地表地殼的含量極為稀少，因此科學家才會認為鋨、錸濃度之所以能那麼高，很有可能是受到地球之外某些因素的影響。Onoue et al.（2016）更提到，此現象導致海洋生物出現大規模滅絕。

　　6550萬年前的K-Pg界限，同時也發生了知名的恐龍大滅絕。原子序77的銥（Ir）在地殼的含量原本非常稀少，但是調查了世界各地的K-Pg界限後，發現Ir含量增加，從Ir的總含量可以推估，曾有顆大小約10km的天體撞擊地球〔**圖12.10**，Alvarez et al.（1980）〕。

　　從猶加敦半島發現的同年代巨大撞擊坑、高壓礦物，以及世界各

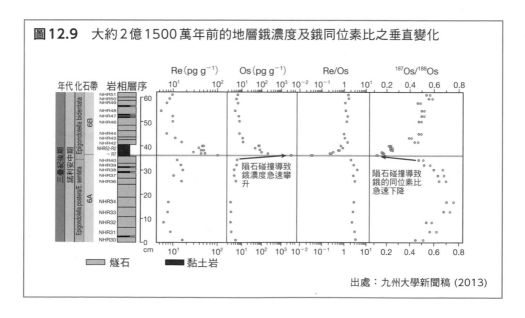

圖12.9　大約2億1500萬年前的地層鋨濃度及鋨同位素比之垂直變化

出處：九州大學新聞稿（2013）

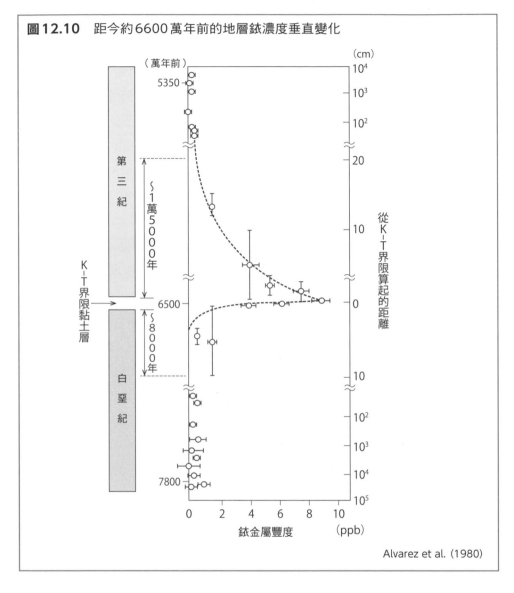

圖 **12.10**　距今約6600萬年前的地層銥濃度垂直變化

Alvarez et al. (1980)

地發現的海嘯堆積物來看，應該就是地球遭到巨大隕石撞擊，導致表層環境劇變，進而使恐龍滅絕〔Schulte et al.（2010）〕。

　　即便同為**生命大滅絕**，有些是天體碰撞的非地球因素造成，有些則是超大陸的形成或是大規模火山活動等地球內部因素造成，而這各式各樣的要因，都為地球表層環境帶來變化。

　　這類大滅絕對於當時的生物而言，絕對是非常致命的大事件，不

過站在「地球整體生物演化」的觀點來看，未必絕對是慘事。能在天地變異之後存活下來的生物開始繁盛，填補生態上的空缺，生物表現也跟著多樣化。舉例來說，白堊紀之前的哺乳動類以小型動物為主，但隨著大型恐龍的滅絕，這些小型哺乳類動物開始急速多樣化，身形也愈趨龐大，並站穩生態系的高階地位。對於誕生於500萬年前，獲得文明後成為地球主宰者的人類而言，6550萬年前的隕石碰撞或許是好事而非慘事。

其實俯瞰46億年的地球史，就能發現地球歷史的本質並非「安穩」，而是不可逆的「變動」。除了火山噴發、固有磁場這類地球本身必然的變動（**內在要因**），再加上隕石碰撞等偶發的**外在要因**，生物圈從這些毀滅性破壞恢復的同時，生物學上也跟著出現顯著演化。另外，光合作用這類生物自身的活動甚至改變了全球凍結、大氧化事件等地球的環境狀態。這也使得地球與生物相互影響，共同演化。目前人類活動所造成的自然破壞受到高度關注，換個角度想想，我們說不定正在引發不可逆的環境變化，且變化的程度相當於藍綠菌帶來的大氧化事件。

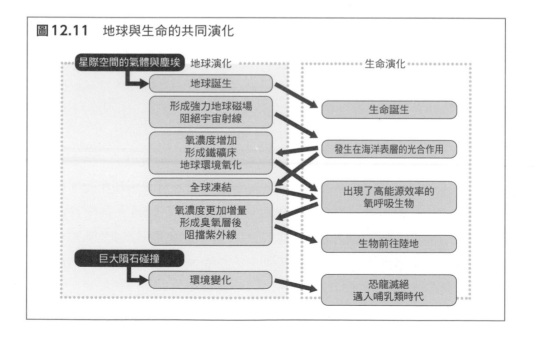

圖12.11 地球與生命的共同演化

月球的科學

<table>
<tr><td>第13章</td></tr>
</table>

　　「賞月」「輝夜姬」「潮汐漲退」……，「月亮」在你我生活非常耳熟能詳。以行星科學的角度來看，月亮，也就是月球是顆很特異的衛星，它的衛星／行星質量比很大，無論是力學上還是化學上都與地球息息相關，甚至一同演化（共演化）。本章會根據最新觀測、分析與模擬計算的結果，介紹有關「月球科學的最前線」。

13.1 月球與地球的獨特關係

月球與地球的距離

　　約莫50年前，人類在執行阿波羅任務時，太空人在月球表面放了面鏡子（復歸反射裝置），接著從地球發出雷射光，計算反射光回到地球的時間，就能精準量測出地球與月球的距離。兩者的平均距離約38萬km，且正以每年增加3～4cm的距離愈行愈遠。

　　嚴格來說，月球是以地球為焦點繞行在橢圓軌道上，所以在27.3天的週期裡，時而靠近地球，時而遠離地球。有時正好在近地點的位置出現滿月，有時則是在遠地點出現滿月（**圖13.1**）。位於近地點時所見的滿月是遠地點滿月的1.1倍大（面積比則是1.2倍），也就是最近大家常聽見的「超級月亮」。另外，月球繞行的橢圓軌道大約每9年就會改變。

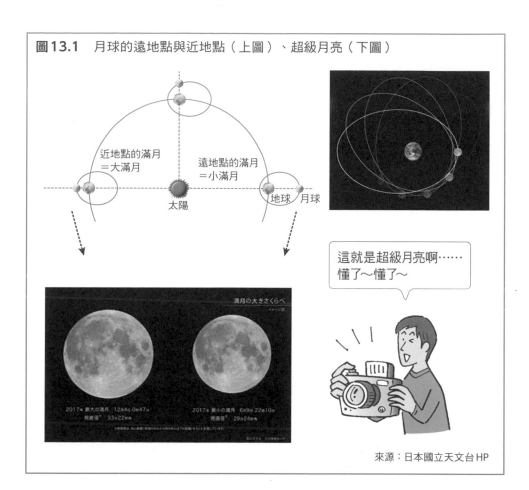

圖13.1　月球的遠地點與近地點（上圖）、超級月亮（下圖）

近地點的滿月
＝大滿月

遠地點的滿月
＝小滿月

太陽

地球　月球

這就是超級月亮啊⋯⋯
懂了～懂了～

來源：日本國立天文台HP

月球的大小

　　第4章有提到，太陽系約有190顆衛星。地球唯一的衛星「月球（直徑約3474km）」是繼木衛三（約5262km）、木衛四（約4820km）、土衛六（約5150km）、木衛一（約3600km），排名第五大的衛星。不過以「對比行星的大小」來看，月球相當於1/4顆地球（質量比為1/81），與木衛三之於木星、土衛六之於土星相比，比值大上許多（**圖13.2**）。這樣的特性也讓地球與月球間出現許多獨特現象。

　　各位最熟悉的日常現象，應該就是潮汐漲退了。受月球強大引力的影響，海洋會像**圖13.3**一樣遭拉扯變形，所以當月球上中天或下

圖13.2　行星與衛星的大小比值

衛星 ÷ 行星

地球：12,756km
月球：　3,474km　　1/3.7
好大！

火星：6,794km
火衛一：　22km　　1/309

木星：142,984km
木衛三：　5,262km　　1/27

土星：120,536km
土衛六：　5,150km　　1/23

圖13.3　潮汐漲退

海洋　　　　　海洋　　　拉扯

地球自轉為 24 小時
月球公轉為 27.3 天。
所以每天會有 2 次的滿潮與退潮呦。

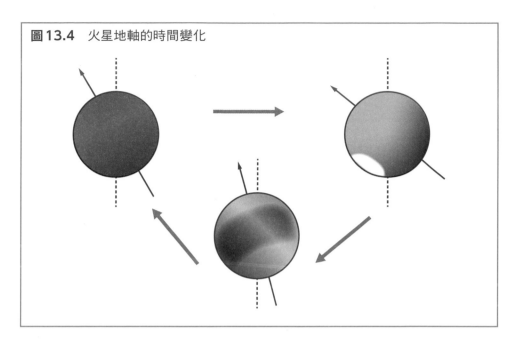

圖13.4 火星地軸的時間變化

中天（差12小時）時會是滿潮，滿潮前6小時與滿潮後6小時則是退潮。這是與地球質量比大的「月球」才有的現象，火衛一、火衛二這類直徑只有10～20km的衛星就看不見上述現象。

這下我們終於知道，真要託龐大月球的福，才能讓地球自轉軸常保於穩定狀態。目前地球自轉軸與公轉面之間的傾斜角度為23.4度，因此會出現春夏秋冬四季的變化，且自轉軸的搖擺幅度也會壓在±1度內。我們以衛星較小的火星為例，透過模擬計算，可以得知地軸在1千萬年內變動了15～45度，10億年則變動了0～70度（**圖13.4**）。萬一地球的地軸躺平，那可大事不妙。因為某些地方會一直處於赤道正下方，且整整半年沒有黑夜，某些地方則會變成半年都只有黑夜的極寒氣候。幸好有這顆大月亮，地球才能常保安穩的環境，讓生命得以孕育。

月球與地球不可思議的關係

地球1天大約是24小時，不過這是指現在的地球。調查過去的地質與化石後，可以發現地球自轉的速度愈變愈慢。研究人員解析了鸚

圖 **13.5** 從鸚鵡螺上可以觀察到月球與地球的關係

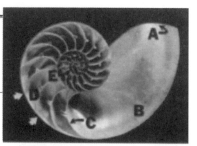

Nautiloid growth rhythms and dynamical evolution of the Earth–Moon system

Peter G. K. Kahn*
Department of Geological and Geophysical Sciences, Princeton University, Princeton, New Jersey 08540

Stephen M. Pompea
Department of Physics, Colorado State University, Fort Collins, Colorado 80523

Nature Vol. 275 19 October 1978

4.2 億年前
月球與地球的距離是現在距離的 40%
1 天約 **21 小時**

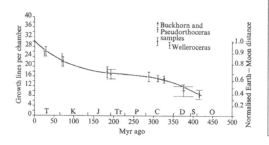

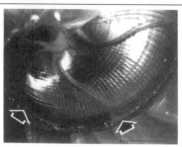

Fig. 3 Ventral section of *Nautilus pompilius* exposing the radial lirae on the interior of the chambers of the initial whorl. The lirae correspond to external growth lines, and their number/chamber averages between 28 and 30. Arrows mark chamber walls. Scale bar, 0.5 cm.

Kahn and Pompea (1978)

圖 **13.6**　地球自轉的煞車作用與月球的加速作用

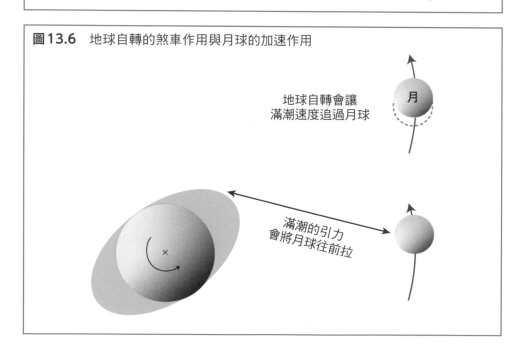

地球自轉會讓
滿潮速度追過月球

月

滿潮的引力
會將月球往前拉

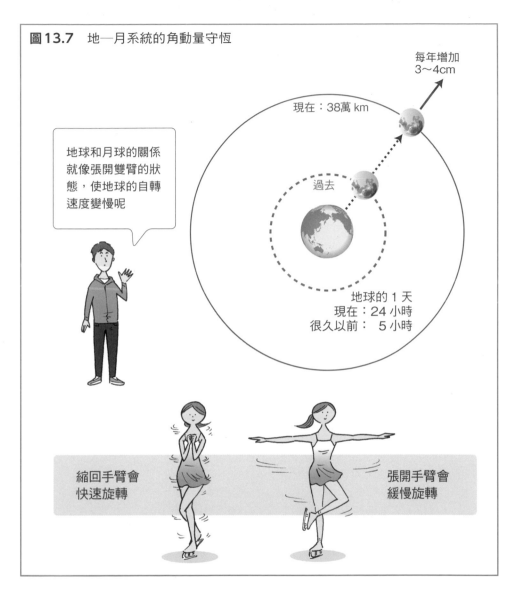

圖13.7 地—月系統的角動量守恆

每年增加
3～4cm

現在：38萬 km

過去

地球和月球的關係就像張開雙臂的狀態，使地球的自轉速度變慢呢

地球的 1 天
現在：24 小時
很久以前： 5 小時

縮回手臂會
快速旋轉

張開手臂會
緩慢旋轉

鸚螺的條狀斑紋，發現4億年前的1天只有21小時〔**圖13.5**；Kahn and Pompea（1978）〕。經過詳細計算，推估18億年前地球1天可能是16小時，45億年前的1天更是只有5小時。

還有件非常有趣的事，那就是前述的「月球與地球距離的變化」，其實和「地球自轉變慢現象」有密切連動，並且能作下述解釋。

月球的公轉週期約27.3天，地球的自轉時間則為24小時。當地球受月球引力影響出現變形（包含海洋）時，膨脹的部分會追過月球（圖13.6）。地球的膨脹會不斷地把月球向前拉扯，使月球承受一股加速的力量。相反地，地球膨脹的部分會受月球引力影響，形成一股後拉的力量，對地球自轉產生煞車作用。受此作用的影響，月球與地球的距離會愈變愈遠（角動量守恆）。這個現象其實跟滑冰選手想要快速旋轉時會收回手臂、想讓旋轉速度變慢時會張開雙臂的道理一樣（圖13.7）。就這樣地，月球與地球在力學上相互密切影響，並一同演化至目前的狀態。

月岩

透過1961～1972年美國阿波羅計畫與1959～1976年前蘇聯的月球計畫，人類已從月球帶回約380kg的砂石（一般稱作岩屑層；Regolith）。另外，月球遭受隕石等物體撞擊後，飛來並墜落地球的隕石（月球隕石）發現數量也有將近300顆（10.4節）。仔細分析這些月岩後，得知下面幾件事。

（1）月球與地球的地函、地殼化學結構極為相似，同位素比值表

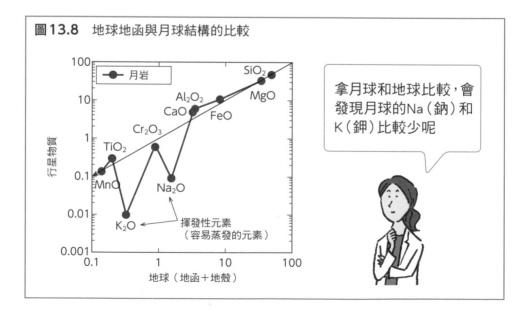

圖13.8　地球地函與月球結構的比較

現也相仿（圖10.9）。

（2）不過，仔細比較後，又會發現Na（鈉）、K（鉀）這類容易蒸發的元素（揮發性元素）枯竭情況比地球嚴重（**圖13.8**）。

（3）構成月球「高地」的是一種名為斜長石的白色岩石，它的形成年代約為44～45億年前。構成月球「海洋」的則是名為玄武岩的黑色岩石，形成年代為30～40億年前，相對較年輕。

　　這些分析結果都是探究月球起源與演化的提示。接下來就在下節13.2作說明。

13.2 月球的起源與演化

月球的起源

　　「衛星／行星」比值大的月球是怎麼形成的？目前最主流的說法是大碰撞說（Giant impact）〔**圖13.9**；Hartman & Davis（1975）〕。此假說提到，太陽系誕生初期，原始地球曾和相當於火星那麼大的天體發生猛烈碰撞，這一撞使得原始地球的地函飛散，散落的殘骸在距離地球半徑好幾倍遠的地點合併，最終形成月球。此說法的確能合理解釋為何很久以前月球曾和地球距離那麼近，以及月球和地球的地函同位素結構為何極為相似。至於月球的鈉（Na）和鉀（K）成分為何會那麼少，研究人員則提出，這兩種成分在構成岩石的主要元素中，屬於凝結溫度低，最容易蒸發的元素（表11.2），因此碰撞時的高溫會導致鈉、鉀蒸發，最後消散至外太空的解釋。另外，研究人員也做了月球岩石的Hf-W系定年，發現地核與地函的分離時期和地球的時期一致，都是太陽系誕生後3000萬年〔Yin et al.（2002）〕，所以能夠確定大碰撞發生的時間更早。根據Ida et al.（1997）、Kokubo et al.（2000）的N體模擬，學者們認為大碰撞飛散的岩石碎片在短短數個月內，就變成了「月球」。

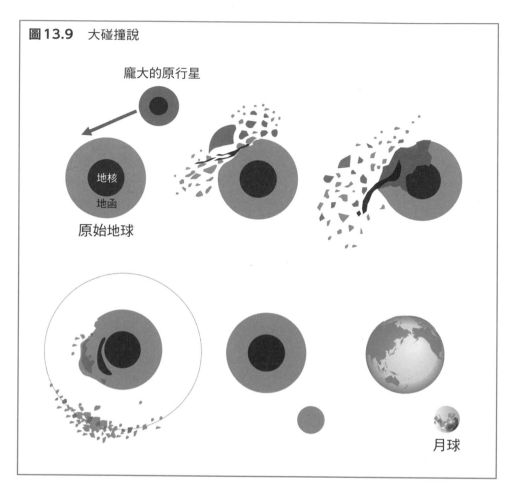

圖13.9　大碰撞說

龐大的原行星

地核
地函

原始地球

月球

　　接著，在月球、地球間的潮汐作用和角動量守恆的原則下，兩個
天體的距離愈變愈遠，來到目前相距38萬km的位置。根據近期嚴謹
的模式計算，研究人員認為月球的材料物質中也包含了碰撞天體的碎
片。若真是如此，就無法合理解釋為何月球與地球的化學結構相似。
為了解決其中的矛盾，開始有人提出幾個內容經過微調的碰撞模式，
像是碰撞地球的天體其實在地球附近合併生成的微行星，所以化學結
構本來就跟地球相近〔Mastrobuono Battisti et al.（2015）〕，另外也
有學者認為，這種巨大碰撞可能不只1次，只要遭遇數次中度規模的
碰撞，光靠地球的成分結構也能形成月球〔Rufu et al.（2017）〕。

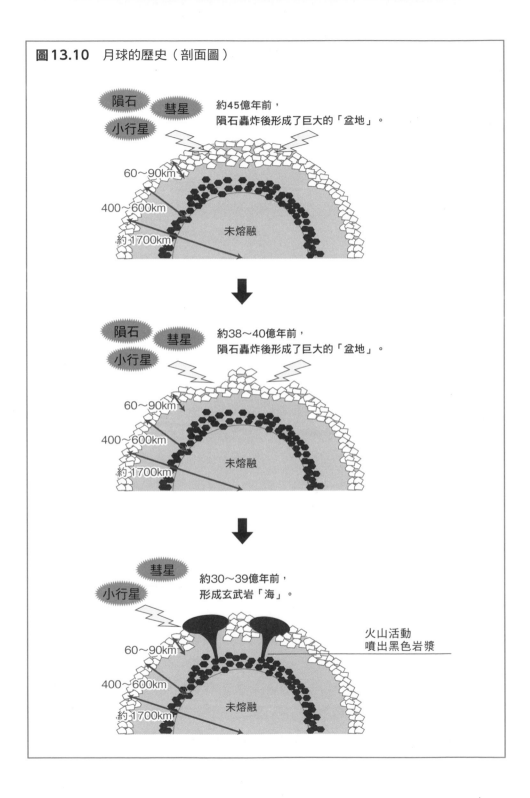

圖 13.10　月球的歷史（剖面圖）

隕石　彗星　小行星

約45億年前，
隕石轟炸後形成了巨大的「盆地」。

60～90km
400～600km
約1700km
未熔融

隕石　彗星　小行星

約38～40億年前，
隕石轟炸後形成了巨大的「盆地」。

60～90km
400～600km
約1700km
未熔融

彗星　小行星

約30～39億年前，
形成玄武岩「海」。

火山活動
噴出黑色岩漿

60～90km
400～600km
約1700km
未熔融

月球的演化

目前普遍認為，月球受到微小天體碰撞合併時產生的能量影響，所以剛誕生的時候處於岩石融化的「岩漿海洋」狀態。岩漿海洋開始降溫，礦物逐漸變結晶時，低密度的**斜長石**（斜長岩）會先浮上岩漿海洋表面，形成白色地殼。研究人員分析了阿波羅計畫所採集的斜長岩年代，發現月球「滿月時白色的部分」應該是在44～45億年前形成的。高密度的部分（也就是噴發後變成玄武岩的部分）則會沉到岩漿海洋的下半部。

其後，大型小行星及彗星碰撞月球表面，撞出了直徑數百km的巨大盆地。滿月時可以看見「很像兔子」的形狀，就是所有盆地環繞出來的輪廓。阿波羅計畫所採集的岩石中，找到了非常多劇烈碰撞後形成的**衝擊熔融岩**（Impact melt rock），經分析後得知巨大盆地的形成年代介於38～40億年前，而此時期又名為後期重轟炸期（LHB；Late Heavy Bombardment）（至於撞到了什麼將於13.3節探討）。

後來，月球表面出現大規模的火山活動，岩漿海洋固化時沉至底部的成分也不知什麼原因開始噴發，變成了月球表面的黑色**玄武岩**。研究學家利用美國的阿波羅、前蘇聯月球計畫的採樣以及月球隕石的玄武岩進行年代分析，認為月球的火山活動集中在30～39億年前。

然而，阿波羅與月球計畫中，人們實際登陸月球表面採集岩石帶回地球的樣本蒐集處分別只有六處和三處，總計不過九處。究竟要如何推測其他火山活動的時期呢？這時就要靠月球特有的撞擊坑來告訴我們。

先假設無論是月球表面的哪個地點或是哪一時期，撞擊坑的形成比例皆一致。那就表示撞擊坑數量（密度）多的地區形成年代會比數量少的地區更為古老（**圖13.11**）。研究人員已利用阿波羅計畫著陸地所採集的岩石，調查了岩石形成的年代，並計算出撞擊坑數量，與未著陸地點的撞擊坑數進行比較，便能得知未著陸地點的形成年代。此手法又名為**撞擊坑年代學**（crater age）。

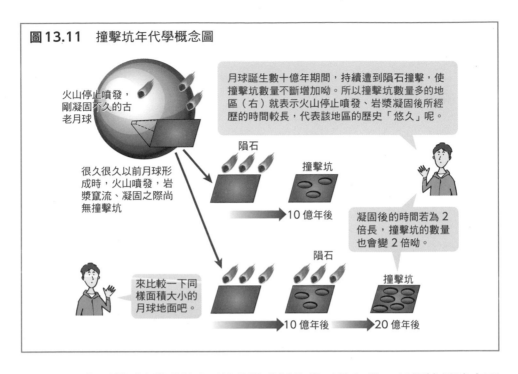

圖13.11　撞擊坑年代學概念圖

火山停止噴發，剛凝固不久的古老月球

月球誕生數十億年期間，持續遭到隕石撞擊，使撞擊坑數量不斷增加呦。所以撞擊坑數量多的地區（右）就表示火山停止噴發、岩漿凝固後所經歷的時間較長，代表該地區的歷史「悠久」呢。

很久很久以前月球形成時，火山噴發，岩漿竄流、凝固之際尚無撞擊坑

隕石

撞擊坑

10億年後

凝固後的時間若為2倍長，撞擊坑的數量也會變2倍呦。

來比較一下同樣面積大小的月球地面吧。

隕石

撞擊坑

10億年後　　20億年後

　　像這樣分析阿波羅／月球計畫採集岩石的年代，並根據月球表面的撞擊坑數，就能推測整個月球表面何時出現過火山活動，於是得到距今30～40億年前月球曾有過大規模火山活動，甚至陸陸續續發生，直到15億年前為止〔Hiesinger et al.（2008）〕。換言之，滿月時可見的黑色「兔子模樣」是在距今30～40億年前形成的。另外，我們也在掉落非洲喀拉哈里沙漠的月球隕石Kalahari009中，發現大小約5～10μm，距今43.5億年前火山活動的痕跡〔Terada et al.（2007）〕。月球火山開始活動和形成斜長岩成分的地殼幾乎是同個時期，對此可以推測，這是因為後期重轟炸期出現大規模的天體碰撞，使得當時火山活動的痕跡破碎，並被高地岩石掩埋所致。

13.3　從月球解密太陽系歷史

　　月球不像地球，會因為水、空氣造成風化，所以保留著數十億年前的資訊。很有趣的是，我們不僅能透過月球的岩石掌握月球本身的

圖13.12　月球海洋（玄武岩）撞擊坑的年代

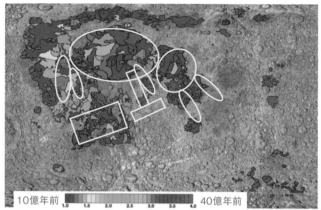

透過日本月球探測器「輝夜姬號」的觀測，就能正確算出月球表面的撞擊坑數量呦。
接著還能用顏色區分出哪個撞擊坑是何時形成的。看起來像兔子的部分基本上都是藍色或紫色呢。

10億年前　1.0 1.5 2.0 2.5 3.0 3.5 4.0　40億年前

所以呢……看起來像兔子的黑色部分基本上都是 10 ～ 40 億年前形成，絕大部分的區域早在 30 ～ 40 億年前就有囉

Heisinger et al.（2008）

發展歷程，還能了解太陽系46億年的歷史。

　　就以最近逐漸成為定論的岩漿海洋為例，研究學家認為，行星誕生初期會被融化的岩石，也就是**岩漿海洋**所包覆，而這個概念其實源自於月球厚層斜長岩（富含鋁）地殼的形成機制。13.2節也提到，分析了月球衝擊熔融岩的年代後，得知月球在距今38 ～ 40億年前開始相繼形成巨大盆地。另外，研究人員更找到了能充分佐證地球及火星都有出現過相同現象的地質證據〔Roberts et al.（2009）〕，因此認為距今38 ～ 40億年前，整個太陽系曾發生質量轉移，並引發大規模的天體碰撞（**後期重轟炸，Late Heavy Bombardment**）。

　　不過，後期重轟炸期大量砸落月球的天體究竟是什麼？ Strom et al.（2005）仔細計算了月球及類地行星表面的撞擊坑數量與大小，在

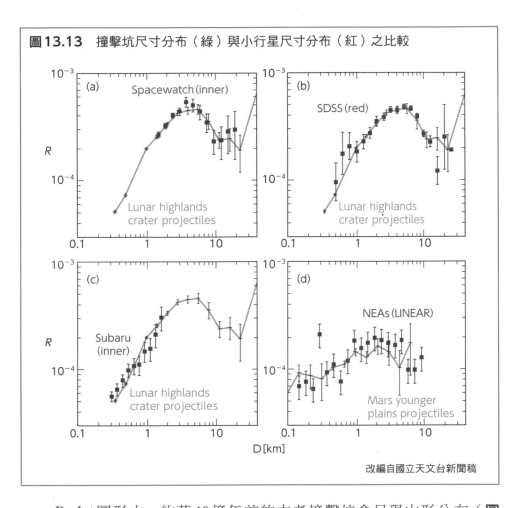

圖13.13 撞擊坑尺寸分布（綠）與小行星尺寸分布（紅）之比較

改編自國立天文台新聞稿

R plot圖形中，約莫40億年前的古老撞擊坑會呈現山形分布（**圖 13.13a、b、c**），不過30億年至今的撞擊坑卻是「平坦的線狀分布」（圖13.13d）。接著研究人員又分析了小行星尺寸的分布，得到兩個結論，分別是（1）發生於40億年前，也就是後期重轟炸期形成古老撞擊坑的碰撞天體尺寸分布，幾乎與現在的主小行星帶一致，（2）在火星的北半球平原其實也有發現大量撞擊坑，形成這些坑洞的天體年代比後期重轟炸期還要年輕許多，且年齡分布廣泛，而這些天體的尺寸分布和主小行星帶並不一致，反而與更近似目前鄰近地球的小行星。

　　至於為何會引發這類大規模碰撞現象，目前以9.6節提到的行星

遷徙說（尼斯模型；Nice model）最有說服力。Gomes et al.（2005）提到，太陽系誕生7～9億年時，木星和土星的公轉週期處於共振狀態。一旦這些行星開始共振，類木行星與類海行星就會再次開始移動，擾亂太陽系內的小型天體，最後引起後期重轟炸（參照圖9.7）。此模型論述聽起來很吸引人，但論述中提到天王星與海王星的位置曾互換等較奇特的想法，所以仍有待今後物質科學相關的佐證。

13.4 月球與地球的共同演化～地球吹向月球的風～

最近人們發現當太陽風吹拂地球時，大氣層會因此剝離並飛到月球。接著就用本章最後的篇幅來介紹此現象。

地球在自身磁場的保護下，阻絕了太陽風及宇宙射線。地球磁場在面向太陽的相反方向（夜晚側）就如同彗星一樣，會拉出長長的尾巴，形成狀似風向袋的空間（磁層）。此空間的中心處則存在片狀的電漿層（**圖13.14**）。透過搭載於繞行月球探測器「輝夜姬號」的電漿觀測裝置，我們解析了月表上空100km的帶電粒子數據，發現只有在月球、「輝夜姬號」和電漿層（圖中陰影區域）位處同一線上的時候，才會出現高能量的氧離子（O^+）（圖13.14下方光譜圖的紅線。相當於10^4count/cm^2/sec）。我們過去已知氧離子會從地球極地消散到外太空，但透過「輝夜姬號」，更首次觀測到這些「來自地球的風」還會吹往距離地球38萬km遠的月球表面〔Terada et al.（2017）〕。

此發現的有趣之處，在於我們終於得知月球與地球這數十億年來不僅在力學上，於化學層面更是相互影響，共同演化至今。龐大的「月球」繞行地球公轉，讓地球得以處於穩定的環境，生命隨之繁榮旺盛。在生物活動下（光合作用），地球的大氣層又形成氧氣，這些氧氣更成為「地球風」，吹向相距38萬km遠的月球，對月球表層環境帶來影響，真的很浪漫呢！

圖13.14 受太陽風吹拂而剝離的地球大氣層（氧氣）抵達月球表面時的模樣

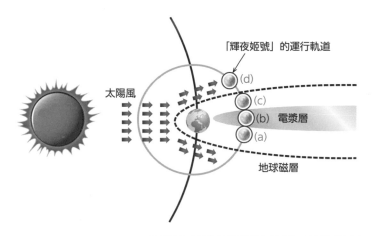

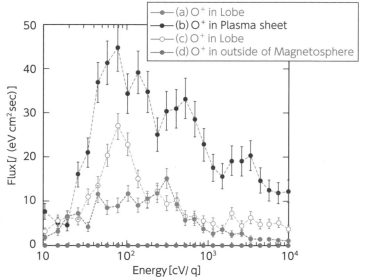

改編自大阪大學新聞稿

這麼說來……滿月的時候，太陽風會將地球的氧氣吹向月球呢。真是浪漫～

第14章 太陽系外行星觀測

前面我們聊了居住的太陽系起源、演化及形成過程。綜觀整個銀河系時，你我所在的太陽系究竟是獨一無二，還是稀鬆平常的存在？就讓我們來看看太陽系外的眾行星吧。

14.1 發現太陽系外行星

1995年10月，任職於日內瓦天文台的天文學家梅爾（Michel Mayor）等人，在飛馬座51（51 Pegasi）發現了質量相當於木星的行星〔Mayor and Quetoz（1995）〕。這是人類首次發現原來太陽系之外還有行星存在，是非常劃時代的重大發現。自此之後，人類開始陸續發現其他太陽系外行星（以下簡稱「系外行星」），截至2018年為止，已找到超過3800顆系外行星（**圖14.1**）

14.2 如何找到太陽系外行星

不知道太陽系外的外星生物是怎麼看我們所處的太陽系？質量為2×10^{33} g的太陽在核融合作用下，會自己發出$L_\odot = 3.85 \times 10^{26}$ W的光芒，不過，質量為2×10^{30} g的木星卻必須靠陽光反射才會發亮，所以亮度只有太陽的10億分之1。想要從遙遠的太陽系外，看見又暗又輕的木星並不容易。那麼，天文學家是如何找到系外行星的呢？接下來就針對常見的都卜勒光譜分析法、凌日法、微重力透鏡法、直接成像

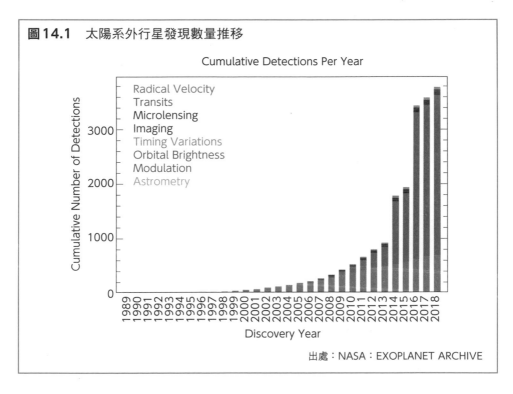

圖14.1 太陽系外行星發現數量推移

Cumulative Detections Per Year

Radical Velocity
Transits
Microlensing
Imaging
Timing Variations
Orbital Brightness
Modulation
Astrometry

Cumulative Number of Detections

Discovery Year

出處：NASA：EXOPLANET ARCHIVE

法跟各位作解說（圖14.1 紅色為都卜勒光譜分析法、綠色為凌日法）。

都卜勒光譜分析法

各位先回想一下擲鏈球選手繞圈甩鏈球時的模樣。我們從遠處雖然看不見體積很小的鏈球，但卻能看見選手晃啊晃的模樣（**圖 14.2**）。觀察系外行星的時候其實一樣，要直接看見又暗又小的行星難度很高，不過可以觀測到恆星受行星引力影響出現晃動。話雖如此，恆星和我們相距遙遠，要看見恆星的晃動絕非易事。這時就必須運用一種名叫都卜勒光譜分析（Doppler spectroscopy technique）的特殊觀測手法。

各位應該都會發現，當救護車接近與離去時的鳴笛聲聽起來不太一樣，這種現象又名為都卜勒效應。救護車接近時，聲波短，聽起來比較尖銳，車子離去時，聲波波長變長，聽起來就相對低沉。星體發

圖14.2 共同重心的旋轉運動

在搖晃，真的在搖晃呢

出的光線（電磁波）也具備波動的性質，所以星體靠近地球時，波長變短，星體看起來會偏藍，距離拉開時波長變長，顏色則會相對偏紅（**圖14.3**上：光波的都卜勒效應）。這時就能利用此原理，觀測恆星光譜顏色的週期變化（圖14.3下）。從週期變動的振幅大小能掌握對象行星的質量，週期長短則能了解行星的公轉週期，我們甚至能透過克卜勒第三定律，得到恆星與行星間的距離。梅爾等人就是利用此方法，於1995年首次找到系外行星。不過，這種方法有個特色，那就是公轉繞行恆星的行星質量愈重，恆星晃動幅度會愈大，也就愈容易觀測，相反地，質量較小的類地行星就不易看見。

凌日法

前述的都卜勒光譜分析法著眼於恆星的光譜變化（顏色變化）。這裡的凌日法（transit method），則會著眼行星經過地球與恆星之間時，恆星些微的亮度變化（**圖14.4**）。亮度的減少程度會與變成影子的行星大小成比例，雖然行星非常遠，遠到我們看不見，但用此方法便能推算出行星的大小。另外，從亮度衰減的週期與克卜勒第三定律，還能分別掌握行星的公轉週期與行星和中央星的距離。

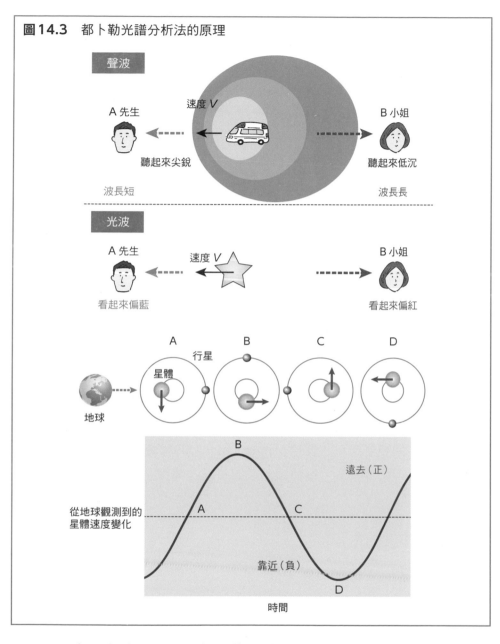

圖14.3 都卜勒光譜分析法的原理

聲波

A 先生　　　速度 V　　　B 小姐

聽起來尖銳　　　　　　　聽起來低沉

波長短　　　　　　　　　波長長

光波

A 先生　　　速度 V　　　B 小姐

看起來偏藍　　　　　　　看起來偏紅

A　　B　　C　　D

行星

星體

地球

從地球觀測到的　　　　遠去（正）
星體速度變化

靠近（負）

時間

　　如果很幸運地能用都卜勒光譜分析法與凌日法觀測到同一顆行星，就能得到行星的質量與大小，進而推算出行星的密度。如此一來，即便肉眼看不見，我們還是能知道這顆行星是和地球相仿的岩石行星，或者和木星一樣，都是氣態巨行星。

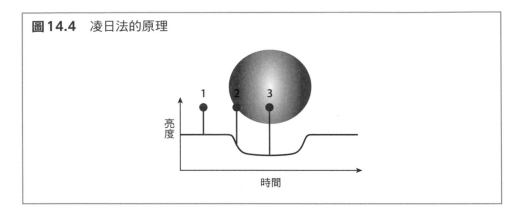

圖 14.4 凌日法的原理

亮度

時間

微重力透鏡法

還有一個近幾年逐漸盛行的系外行星偵測法，名為微重力透鏡法（microlensing）。當某顆行星行經另一顆遠方天體的前方時，中央星與行星重力會產生透鏡效果，將遠方天體的光集中並變亮，微重力透鏡法便是透過亮度會短時間增加的現象，察覺行星存在的方法（**圖14.5**）。

Sumi et al.（2011）研究團隊以紐西蘭的 1.8m 廣角望遠鏡和智利的 1.3m Warsaw 望遠鏡，利用微重力透鏡作用進行系外行星的聯合觀測，發現了不具主星（primary star）的特殊**浮游行星**。從浮游行星的發現頻率來看，推估銀河系應該存在著數量可與恆星匹敵、高達數千億顆的浮游行星。

直接成像法

如同前方所述，因為亮度差異太大的關係，要直接拍到繞行中央星的行星是很困難的。不過，近年隨著觀測技術的提升，還真讓我們成功拍到一些系外行星的照片。**圖 14.6** 是距離太陽系 129 光年，劍魚 γ 型變星 HR 8799 周圍的系外行星的影像〔Marois et al.（2008）〕，研究學家更在相距 HR 8799 星體 15、24、38、68 天文單位處，直接拍攝到 4 顆質量相當於木星 5 ～ 10 倍的行星。

其實還有一點很重要的，那就是如果能以系外行星為點源，進一

圖14.5 微重力透鏡法的原理

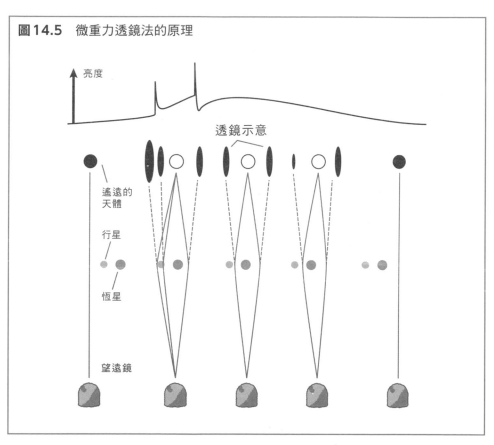

圖14.6 太陽系外行星（HR 8799系）的直接影像

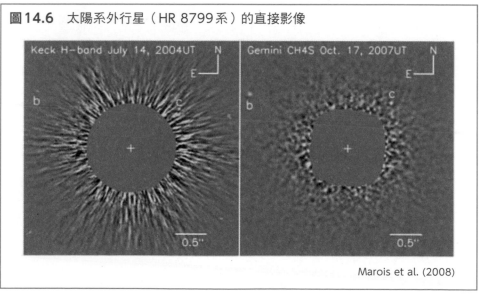

Marois et al. (2008)

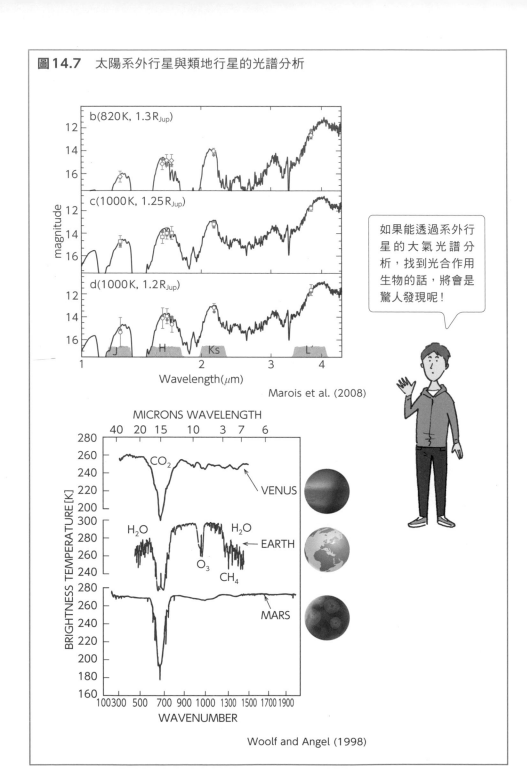

圖14.7　太陽系外行星與類地行星的光譜分析

b(820K, 1.3 R_Jup)

c(1000K, 1.25 R_Jup)

d(1000K, 1.2 R_Jup)

magnitude

J　H　Ks　L'

Wavelength(μm)

Marois et al. (2008)

如果能透過系外行星的大氣光譜分析，找到光合作用生物的話，將會是驚人發現呢！

MICRONS WAVELENGTH

40　20　15　10　3　7　6

CO_2

VENUS

H_2O　H_2O

EARTH

O_3

CH_4

MARS

BRIGHTNESS TEMPERATURE[K]

WAVENUMBER

Woolf and Angel (1998)

步分解空間，即代表可以對每顆系外行星作光譜分析。舉例來說，從整個宇宙觀測火星、地球、金星時，會發現只有地球看得見水蒸氣與臭氧（O_3）的吸收線〔Woolf and Angel（1998）〕。臭氧（O_3）是藍綠菌行光合作用產生氧氣（O_2）後，氧氣在地上 40 ～ 50km 範圍受光分解轉化成的產物（12.3節）。如果在宇宙發現臭氧的存在，就表示間接觀測到宇宙中有生命活動。「尋找外星人」聽起來似乎很科幻，不過以實際情況來說，我們的確能透過系外行星的大氣光譜，尋找生物活動所產生的吸收線（亦稱生物標記；Biomarker）。或許在不久的將來，人類就能間接觀測到外星生命存在的證據，想到就讓人覺得興奮呢！

14.3 系外行星可見的特徵

其實我們所觀測到的系外行星種類形態多到驚人，有些的質量只有地球 0.1 倍，有些卻是 1000 倍以上，公轉週期也從 1 天到 10 萬天不等（以太陽系來說，水星繞太陽的公轉週期為 88 天、海王星為 6 萬天）。**圖 14.8** 彙整出目前已觀測到的系外行星。

其中，讓行星科學家感到特別驚訝的是，竟然有一種類似木星，且會以短週期繞行中央星公轉，距離非常接近中央星的行星。天文學家梅爾等人 1995 年發現的行星每 4 天繞行中央星一圈，且距離中央星 0.4 天文單位，推測該星體的表面溫度為 1000 度，因此又稱為「熱木星」（Hot Jupiter）。根據我們對太陽系的認知，想要形成像木星這樣的氣態巨行星，環境溫度必須寒冷到能讓 H_2O 變成冰，才有辦法具備產生行星的材料物質，因此這項發現完全顛覆了我們過去所提出的「行星形成論」。

不只如此，我們還發現了許多不同質量及大小的行星，都是太陽系未曾見過的類型。質量為地球數倍的地球型行星稱作**超級地球**（super-Earth），質量為地球 10 ～ 20 倍（海王星的質量）的冰質巨行星則稱作**迷你海王星**（mini-Neptune），還有比木星更大的氣態巨

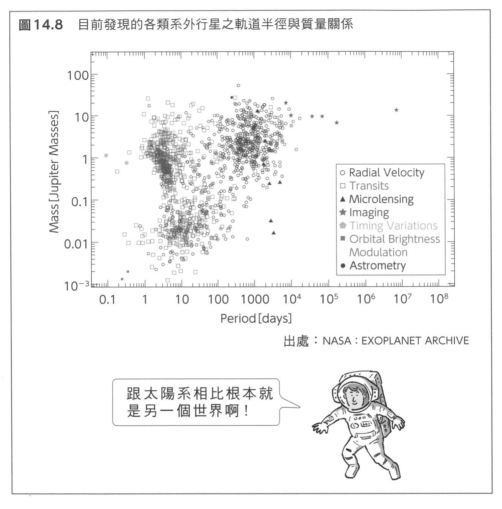

圖 **14.8** 目前發現的各類系外行星之軌道半徑與質量關係

出處：NASA：EXOPLANET ARCHIVE

行星，稱作「超級木星」（super-Jupiter）。看來，我們必須意識到，**「你我所在的太陽系既不平凡、也不特殊，但就是許多星系形態的其中一種」**。

14.4 行星形成論的普遍化

就在發現各式各樣行星的同時，我們必須從既有的太陽系形成論，建構出更符合普遍認知的**泛星系形成論**。接著會以Kokubo et al.（2002）的研究為例作相關介紹。

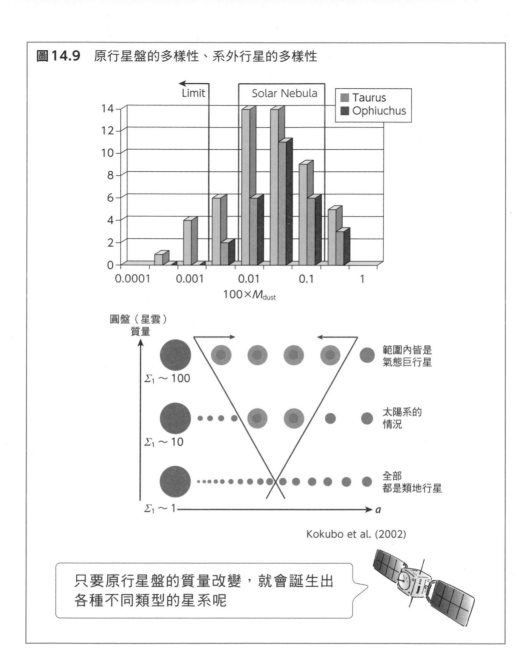

圖14.9　原行星盤的多樣性、系外行星的多樣性

Kokubo et al. (2002)

只要原行星盤的質量改變，就會誕生出各種不同類型的星系呢

第9章的太陽系形成論提到，「行星是由太陽質量1%的原太陽系盤所構成」。不過，根據過去對**原行星盤**的觀測，發現我們所處的銀河系中，有些星盤的質量可能只有原太陽星雲的100分之1，有些質量卻能達到100倍（**圖14.9**上）。由此可知，最初構成行星的材

料物質量差異就可達4位數之多。對此，Kokubo et al.(2002)進行N體模擬，針對行星誕生之處，也就是原行星盤的質量改變時，會誕生出怎樣的行星做計算（圖14.9下）。結果發現，當「原行星盤質量較重（行星材料物質豐富）」，內側軌道也有機會形成尺寸相當的原行星，甚至誕生充滿氣態行星的星系。相反地，當「原行星盤質量較輕（缺乏行星材料物質）」，雖然能形成固態原行星，星盤氣體卻無法大量集結，所以只會形成岩石行星及冰質行星。從這個被普遍認同的行星形成模型來看，可以得知你我所處的太陽系星盤質量處於絕妙狀態，能讓氣態行星、類地行星與冰質行星共存。

14.5 適居區

人們將整個宇宙中，適合生命居住的區域稱為適居區（HZ：habitable zone）。一般而言，適合居住的環境必須像地球一樣，能接收中心天體釋出的能量，存在液態水，且二氧化碳不會凝固成乾冰。目前太陽系的適居區範圍差不多介於 0.97 ～ 1.4 天文單位，落在此範圍的行星只有地球。那麼，目前觀測到的系外行星中，是否有一樣存在液態水的類地行星呢？ H_2O 是由氫（H）與氧（O）組成的化合物，同時也是構成宇宙成分中第一和第三多的元素，因此是相當普遍的存在。問題在於 H_2O 是否能維持液態？

恆星的質量愈重，亮度愈亮（ $L \propto M^{3.5}$ ），每單位時間釋放的能量也就愈多（圖6.6），所以又重又亮的星體適居區會距離中心天體遙遠，又輕又暗的星體適居區則會距離中心天體較近（**圖14.10**）。舉例來說，質量為太陽2倍的星體亮度（輻射）會是太陽的11倍（＝ $2^{3.5}$ ），那麼適居區會落在太陽半徑3倍（ $\fallingdotseq \sqrt{11}$ ）的地球軌道上（相當於太陽系的小行星帶）。相反地，如果是質量僅太陽2分之1的星體，亮度會是太陽的0.09倍（＝ $0.5^{3.5}$ ），因此適居區會在距離中央星 0.3 天文單位（ $\fallingdotseq \sqrt{0.09}$ ）的區域。Gillon et al.(2017)提到，在水瓶座的紅矮星「TRAPPIST-1」周圍發現了7顆大小和地球相當的行

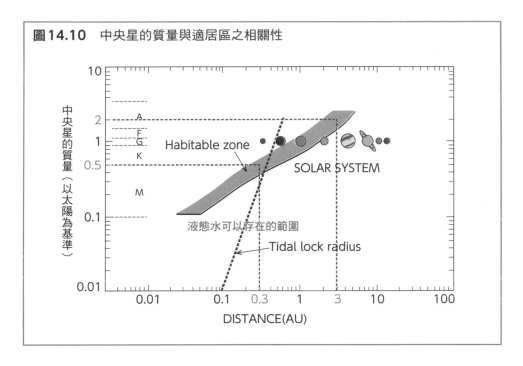

圖14.10 中央星的質量與適居區之相關性

中央星的質量（以太陽為基準）

Habitable zone

A
F
G
K

M

SOLAR SYSTEM

液態水可以存在的範圍

Tidal lock radius

DISTANCE(AU)

星，這也是人類首次發現1顆星體附近能有這麼多顆和地球差不多大的行星。其中3顆還坐落在適居區，因此更加受到關注。

　　這裡作個假設，如果說即便無法接收到中心天體的輻射，只要能「保有液態水」的星體就算適居區的話，那麼存在內部海洋，像是土衛二或木衛二這類冰質星也有機會入列適居區。融化冰態H_2O的熱源除了有行星潮汐的作用力，也包含放射性元素的衰變熱。若是這樣，比既有適居區（與中央星的距離）更遠的冰質天體，或是不受恆星重力影響的浮游行星皆有可能存在生命。不過，對人類來說，這種能有生命存在的「適合居住＝habitable」絕對會是非常嚴苛的環境。

第15章

德瑞克方程式與地球的未來

15.1 德瑞克方程式

美國天文學家法蘭克·德雷克（Frank Drake）在1961年提出了一個概念性的思維模式，名叫**德瑞克方程式**（Drake equation），可用來估算銀河系中可以通訊的文明數。此方程式被改成許多版本，接著就以下述版本作相關探討。

銀河系中可以通訊的文明數估算值（德瑞克方程式改訂版）

$$N = N_{star} \times R \times f_p \times n_e \times f_l \times f_i \times f_c \times L_{文明} \div L_{star}$$

方程式中各參數如下：

N_{star} ＝銀河系中的恆星數

R ＝具備可誕生擁有文明生命之條件的恆星比例

f_p ＝這類恆星擁有行星系的比例

n_e ＝這類行星系中，具備可孕育生命之環境的行星數量

f_l ＝該行星真正誕生生命的機率

f_i ＝生命發展出智慧文明的比例

f_c ＝智慧生命有能力且願意對外通訊的機率

$L_{文明}$ ＝這類文明持續存在的時間

L_{star} ＝中央星（～行星）的壽命

這時，我們就能以20世紀稍微早期的觀點，推算銀河系中可以通訊的文明數（21世紀的觀點將留在後述）。

首先，針對「N_{star}＝銀河系中的恆星數」的部分，我們就粗估數量約1000億顆好了。接著是「R＝具備可誕生擁有文明生命之條件的恆星比例」，太靠近銀河系中心的話，輻射線量會過高，另外還必須考量各種條件，所以這裡就粗估0.1吧。下一個是「f_p＝這類恆星擁有行星系的比例」，根據中央星的化學結構（金屬豐度），我們其實也能大致掌握擁有行星系的比例（8.5節），這裡試著抓個數字，就粗估1成的恆星擁有行星系。至於「n_e＝這類行星系中，具備可孕育生命之環境的行星數量」，太陽系中只有地球具備能孕育生命的環境，所以假設為1。因為我們只接觸過「活在地球上的生命」，所以「f_l＝該行星真正誕生生命的機率」、「f_i＝生命發展出智慧文明的比例」、「f_c＝智慧生命有能力且願意對外通訊的機率」該怎麼設定就成了大難題。假設外太空的天體真的形成了單細胞，我們也無從得知這些單細胞是否演化成外星生命，更無法推測「這些生命是否願意對外通訊」。先假設地球生命的演化「並不是什麼特別的大事」，那麼就能把f_l、f_i、f_c全設為1。接下來是「$L_{文明}$＝這類文明持續存在的時間」，這是指我們人類文明持續存在的時間，人類雖然早在數百萬年前就已誕生，但要等到100年前才學會透過電磁波通訊。沒人知道人類還能繁盛幾年，假設每1億年會發生1次程度如同彗星碰撞讓恐龍滅絕的天崩地裂。不過，萬一發生核武戰爭，人類瞬間就會滅亡。這裡就期望人類文明能持續1000年好了。來到最後的「L_{star}＝中央星（～行星）的壽命」，假設太陽變成紅巨星吞噬掉地球的時間（身為主序星的壽命）為100億年。那麼「$L_{文明} \div L_{star}$」就是指地球在100億年的壽命中，存在文明期間的比例，這個比例能當作外星人發現地球時，正好存在文明期間的機率。

　　把這些數值代入德瑞克方程式。那麼，銀河系中存在外星生物的行星數量

$$N = N_{star} \times R \times f_p \times n_e \times f_l \times f_i \times f_c \times L_{文明} \div L_{star}$$
$$= 1000億顆 \times 0.1 \times 0.1 \times 1 \times 1 \times 1 \times 1 \times 1000年 \div 100億年$$
$$= 100顆$$

各位覺得100顆這個數字是多？還是少呢？

真的能夠通訊嗎？

如第1章所述，整個宇宙有大約1000億個像銀河系這樣的「星系」。假設我們所處的銀河系就有100個文明數，那就表示整個宇宙可能存在100個文明×1000億個＝10兆個文明數。似乎是個無筆龐大的數字呢（宇宙有滿滿的外星人！）。

若是這樣，我們有辦法跟外星人通訊嗎？這裡可以試著概算看看。你我所處的銀河系是個直徑10萬光年的圓盤，裡頭存在了100個文明數。為了方便計算，我們假設在10萬光年×10萬光年的平面，撒上100顆「地球」，那麼與隔壁地球（文明）的距離大概會是1萬光年。從這點思考和外星人搭上線的機率實在微乎其微。因為光是要對隔壁的文明打個招呼說聲「哈囉」，並等對方回應「哈囉」，這一來一回就要耗費2萬年的時間。前面的德瑞克方程式假設文明持續存在的時間為1000年，所以在隔壁文明回應我們之前，人類早就滅亡了，怎麼可能聽到外星人的聲音呢。

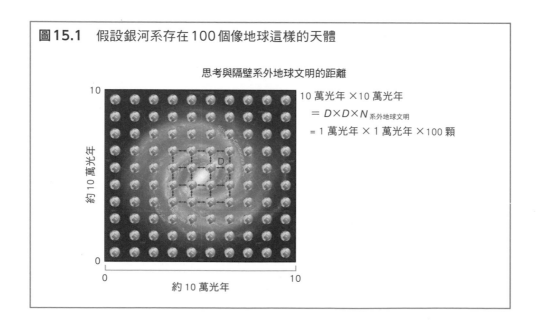

圖15.1　假設銀河系存在100個像地球這樣的天體

思考與隔壁系外地球文明的距離

10 萬光年 ×10 萬光年
$= D×D×N_{系外地球文明}$
$= 1 萬光年 × 1 萬光年 ×100 顆$

約 10 萬光年

約 10 萬光年

表15.1 文明持續存在的時間 vs 文明間的距離

文明持續存在的時間 L的分子	地球以外的文明數 $N_{外星生物}$	文明間的距離	
100年	10個	約3萬2,000光年	無法通訊
1,000年	100個	約1萬光年	無法通訊
10,000年	1,000個	約3,200光年	可來回1.5趟

　　既然這樣，要怎麼做才能聽見隔壁類地球星體的外星人聲音呢？德瑞克方程式裡的參數必須重新設定一下。我們已知要推測每個參數很困難，相反地，要增加文明數自然也非易事。最簡單的方法，就是拉長人類文明持續存在的時間。舉例來說，如果文明持續時間「$L_{文明}$＝10000年」，那麼地球之外的文明數就會是1000，距離最近的文明大約為3200光年。因為等待隔壁文明回應的時間為6400萬年，這樣勉強還能來回通訊個1.5趟。然而，我們必須從已知的星體中，先掌握哪個星體存在文明，彼此定位發送訊號，不這麼做的話，還是很難搭上線。這雖然只是個非常粗略的概算，卻也讓我們了解到，「銀河系中的確存在外星人，不過要搭上線很難」。

派給各位的回家功課

　　說實在的，目前還沒有人知道「德瑞克方程式」的正確答案。隨著科學不斷發展，方程式中的參數也會跟著改變，因為許多複雜的偶然與必然因素，都會影響行星形成與地球環境的穩定性。13.1節提到，地球能有「月球」這顆巨大的衛星，對生命來說是非常幸運的，因為月球的存在，讓地球環境得以處於穩定狀態。

　　在太陽系中，月球這種「相對於行星，質量比很大的衛星」屬於非常特別的存在，所以一般認為，月球是形成類地行星最終階段的大碰撞時偶然形成的產物。要在行星形成的最終階段，推測大小相當於火星的天體從斜方45度碰撞地球的機率當然困難（13.2節）。前面的概算雖然默默地假設了中央星只會在主序星階段保有文明，但最近

在白矮星、中子星、棕矮星周圍同樣發現了行星。再者，我們已知恆星的質量愈輕，數量愈多（參照8.4節），另外也在適居區發現了擁有多顆行星的系外星系（14.5節），所以「R＝具備可誕生擁有文明生命之條件的恆星比例」「f_p＝這類恆星擁有行星系的比例」「n_e＝這類行星系中，具備可孕育生命之環境的行星數量」幾個參數很有可能隨著今後研究的發展，出現顯著改變。各位不妨也利用下面欄位列出的「應評估的最新發現項目」，試著自己解題「德瑞克方程式」，思考在宇宙中，你我究竟是隨處可見，還是獨一無二的存在？

銀河系中可以通訊的文明數估算值（德瑞克方程式改訂版）

$$N = N_{star} \times R \times f_p \times n_e \times f_l \times f_i \times f_c \times L_{文明} \div L_{star}$$

【應評估的最新發現項目】

N_{star}＝銀河系中的恆星數

- 銀銀河系質量⇄恆星數

R＝具備可誕生擁有文明生命之條件的恆星比例

- 恆星金屬豐度
- 銀河宇宙射線照射量
- 恆星質量（≒壽命）

f_p＝這類恆星擁有行星系的比例

- 聚星系統誕生率（50～70％）
- 主星金屬豐度與擁有行星機率之相關

n_e＝這類行星系中，具備可孕育生命之環境的行星數量

- 類地行星的誕生率⇄原行星盤的質量
- 類地行星的大小⇄水質行星？還是地質行星？
- 水的存在
  - ·像是土衛二這類冰質天體內部也有海洋
  - ·浮游行星內部也有海洋？
- 獲得巨大衛星的機率？

f_l＝該行星真正誕生生命的機率

f_i＝生命發展出智慧文明的比例

f_c＝智慧生命有能力且願意對外通訊的機率

- 生命的發現／演化是否為必然的化學反應？
  - 發生突變的機率（與宇宙射線照射量的關係？）
- 天地變異的頻率（＝生命主角交替的時間點？）

$L_{文明}$＝這類文明持續存在的時間

- 類地行星發生科學性天地變異的頻率
- 不可逆的人類活動

L_{star}＝中央星（～行星）的壽命

- 在白矮星、中子星周圍發現行星

15.2 地球的未來

　　從前面談論的內容，我們其實已經可以知道，地球能在浩瀚稀薄的宇宙誕生，生命得以演化，是許多偶然與必然重疊展現的結果。甚至能形成「宇宙做好能讓人類誕生的各種準備」。

　　不過，對人類而言，今後的地球可能不再那麼好生存。這裡就以恐龍滅絕為例，「每1億年會發生1次能讓恐龍走上滅絕、尺寸達10km的天體碰撞」最後一次碰撞發生至今已過了6600萬年，所以再過個3000～4000萬年，地球一定會遭遇像上述那麼嚴重的碰撞事件。到時會出現直徑達數百km的撞擊坑，地球本身或許不會很嚴重，但卻會讓地表環境劇變，甚至引起第六次生物大滅絕，最終造成人類滅亡（12.4節）。此外，也有人試算過，因為陽光照射愈趨強烈，存在數十億年的「海洋」大約再過個10億年就會蒸發，產生的水蒸氣會帶來溫室效應，使地表溫度超過1000度。屆時由蛋白質組成的生物可會立刻消失殆盡。

　　接著把目光移到銀河系外，本星系群之一的仙女座星系正以每秒250km的速度朝我們的銀河系靠近，並於40～50億年後發生碰撞

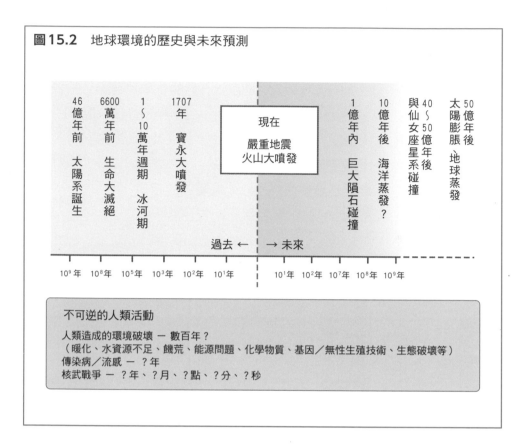

圖15.2　地球環境的歷史與未來預測

46億年前　太陽系誕生	6600萬年前　生命大滅絕	1～10萬年週期　冰河期	1707年　寶永大噴發		

現在
嚴重地震
火山大噴發

1億年內　巨大隕石碰撞	10億年後　海洋蒸發？	40～50億年後　與仙女座星系碰撞	太陽膨脹、地球蒸發	50億年後

過去 ←　　→ 未來

10^9年　10^8年　10^5年　10^3年　10^2年　10^1年　　10^1年　10^2年　10^7年　10^8年　10^9年

不可逆的人類活動

人類造成的環境破壞 — 數百年？
（暖化、水資源不足、饑荒、能源問題、化學物質、基因／無性生殖技術、生態破壞等）
傳染病／流感 — ？年
核武戰爭 — ？年、？月、？點、？分、？秒

（1.2節）。到了那個時候，考量星體體積不大的情況，恆星間的碰撞與行星間的碰撞或許還不至於發生。但是體積更大的分子雲彼此絕對會發生撞擊。屆時就會湊足恆星誕生的條件（6.1節），引發爆炸性的星體形成〔我們實際上也有觀測到這類現象，名為星暴星系（Starburst Galaxy）〕。分子雲碰撞後，會誕生質量有輕有重的大量星體，質量重的星體大約會在100～1000萬年後引發超新星爆發（6.7節），爆發所產生的高能量宇宙射線會波及地球。對生命來說，一旦地球暴露在如此大量的宇宙射線下，就絕對會變成難以生存的環境。

另外，太陽也會在50億年後演化成紅巨星，直徑膨脹100倍以上（6.6節）。這幾乎等同太陽與地球間的距離，因此地球軌道會和紅巨星表面溫度一樣高達3000度，屆時所有固態物質將隨之蒸發氣

化。雖然有部分人士認為，「太陽在即將變成紅巨星前會釋放出質量，使引力衰減，並移動到地球軌道外側，地球說不定能躲過蒸發」。但以目前的評估來看，地球未來要永存不滅似乎很有難度。

這時各位應該已經能充分理解到，在這動盪的宇宙，你我人類正好處於正值平穩期的地球，也剛好是擁有文明的生命體，但其實在宇宙中，我們極為脆弱，且一定會面臨滅亡的命運。正因如此，我們不能驕縱，要坦誠面對自然現象，集結眾人睿智，努力地與「美麗蔚藍」的地球延續生命。然而，目前人類既自滿又不可逆的各種活動，都是只會破壞地球環境，愚蠢至極的行為。

参考文献

〈第1章〉

Anglada-Escudé G. et al., Nature 536, 437-440 （2016）

Conselice C. J., Astrophys. J. 830, 83-99 （2016）

Cowen R., Nature News, doi:10.1038/nature.2012.12028 （2012）

Hubble E., Proc. Nat. Acad. Sci., 15, 168-173 （1929）

Krimigis S. M. et al., Science 341, 144-147 （2013）

Oesch P. A. et al., Astrophys. J. 819, 129-139 （2016）

Perlmutter S. et al., Astrophys. J. 517, 565-586 （1999）

Riess A. G. et al., Astron. J. 116, 1009-1038 （1998）

European Space Agency：http://sci.esa.int/planck/51557-planck-new-cosmic-recipe/

SEDS USA：http://spider.seds.org/spider/MWGC/mwgc.html

理科年表：https://www.rikanenpyo.jp/kaisetsu/tenmon/tenmon_031.html

道端斎：「元素とは何か」（NHK BOOKS）

〈第2章〉

Altwegg K. et al., Science 347, Issue 6220, 1261952 （2015）

O'Donoghue J. et al., Nature 536, 190-192 （2016）

Dundas C. M. et al., Science 359, 199-201 （2018）

Fortney J. J., Science 305, 1414-1415 （2004）

Fukuhara T. et al., Nature Geoscience 10, 85-88 （2017）

Horiouchi T. et al., Nature Geoscience 10, 646-651 （2017）

Nimmo F. and McKenzie D., Annual Review of Earth and Planetary Sciences 26, 23-51 （1998）

Nimmo F. et al., Nature 540, 94-96 （2016）

Ojha L. et al., Nature Geoscience 8, 829-832 （2015）

Platz T. et al., LPI Contribution No.1903, p.2308 （2016）

De Sanctis M. C. et al., Nature 528, 241-244 （2015）

De Sanctis M. C. et al., Nature 536, 54-57 （2016）

Sekine Y. et al., Nature Astronomy 1, Article number: 0031 （2017）

Shalygin S. V. et al., Geophysical Research Letters 42, 4762-4769 （2015）

Smrekar S. E. et al., Science 328, 605-608 （2010）

〈第3章〉

DeMeo F. E. and Carry B., Nature 505, 629-634 （2014）

Gladman B. J. et al., Science 277, 197-201 （1997）

Heck P. R. et al. Nature 430, 323-325 （2004）

Jedicke F. et al., Nature 429, 275-277 （2004）

Lisse C. M. et al., Science 313, 635-640 （2006）

Michel P. and Yoshikawa M., Icarus 179, 291-296 （2005）

Nakamura T. et al., Science 321, 1664-1667 （2008）

Nesvorný D. et al., Icarus 200, 698-701 （2009）

Minor Planet Center（https://www.minorplanetcenter.net/mpc/summary）

NASA：https://ssd.jpl.nasa.gov/?body_count

〈第4章〉

Anderson D. J. et al., Science 272, 709-712 （1996）

Anderson D. J. et al., Science 281, 2019-2022 （1998）

Anderson D. J. et al., Science 280, 1573-1576 （1998）
Anderson D. J. et al., Nature 384, 541-543 （1996）
Hsu H.-W. et al., Nature 519, 207-210 （2015）
Hyodo R. et al., Icarus 282, 195-213（2017）
Mitchell C. J. et al., Astrophys. J. 149, 156-171 （2015）
Murray C. D. et al., Icarus 236, 165-168 （2014）
Niemann H.B. et al., Nature 438, 779-784 （2005）
Postberg F. et al., Nature 459, 1098-1101 （2009）
Postberg F. et al., Nature 474, 620-622 （2011）
Rivkin A. S. et al., Icarus 156, 64-75 （2002）
Rosenblatt P. et al., Nature Geoscience 9, 581-583 （2016）
Sparks W. B. et al., Astrophys. J. 829, 121-141 （2016）
Spencer J. R. et al., Science 311, 1401-1405 （2006）
Waite J. H. et al., Nature 460, 487-490 （2009）
Witze A., Nature 513, 153-154 （2014）
木村淳, 栗田敬, 日本惑星科学会誌15, 20-27, （2006）
国立天文台：惑星の衛星数・衛星一覧　https://www.nao.ac.jp/new-info/satellite.html
JAXA火星探査計画MMX　http://mmx.isas.jaxa.jp/index.html
神戸大学プレスリリース（2016）：http://www.kobe-u.ac.jp/NEWS/research/2016_07_05_01.htm
東京大学プレスリリース（2015）：https://www.s.u-tokyo.ac.jp/ja/press/2015/49.html

〈第5章〉
Kokubo E. et al., Astrophys. J. 642, 1131-1139 （2006）
Ojha L. et al., Nature Geoscience 8, 829-832 （2015）
Schenk P. M. and Nimmo F., Nature Geoscience, 9, 411-412 （2016）

〈第6章〉
Heger A. and Woosely S. E., The Astrophysical Journal 567, 532-543 （2002）

〈第7章〉
Bloom J. S. and Sigurdsson S., Science 358, 301-302 （2017）
Cowley C. R., A&A 419, 1087-1093 （2004）
Heger A. et al. Treatise on Geochemistry vol.1, p. 1-15 （2003）
Howard W. M. et al. Astrophysical Journal 309, 633-652 （1986）
Maercker M. et al., Nature 490, 232-234 （2012）
Merrill P. W., Science 115, 484 （1952）
Pian E. et al., Nature 551,67-70 （2017）
Reifarth R. et al., J. Phys. G: Nucl. Part. Phys. 41, 053101 （2014）
Savina M. R. et al., Science 303, 649-652 （2004）
Sneden C. et al., Astrophysical Journal 591, 936-953 （2003）
Tanaka M. et al., Publ. Astron. Soc. Japan 69, 102 （2017）
Terada K. et al., New Astronomy Reviews 50, 582-586 （2006）
Wanajo S. et al., The Astrophysical Journal Letters 770, L22-L27 （2013）
Wanajo S., et al., The Astrophysical Journal Letters 789, L39-L44 （2014）

〈第8章〉
Edvardsson B. et al., Astron. Astrophys. 275, 101-152 （1993）
Fischer D. A. and Valenti J., Astrophys. J. 622, 1102-1117, （2005）
Friel E. D. et al., Astrophys. J. 139, 1942-1967, （2010）

Heger A. et al,. Treatise on Geochemistry （Second Edition） vol. 2, p.1-14 （2014）
Kobayashi C. et al., Astrophys. J. 653, 1145-1171. （2006）
Savina M. R. et al., Science 303, 649-652 （2004）
Thielemann F. K. et al., Aston. Astrophys. 158, 17-33 （1986）
Woosley S. E. and Weaver T. A., ApJ Suppl. Series 101, 181-235 （1995）
Wielen R. et al., Aston. Astrophys. 314, 438-447 （1996）
道端齋「生元素とは何か 宇宙誕生から生物進化への137億年 （NHKブックス）」（2012）

〈第9章〉
Brain D. A. et al., Geophysical Research Letter 42, 142-9148 （2015）
Donahue T.M. et al., Science 216, 630-633 （1982）
Karlsson N. B. et al., Geophysical Research Letter 42, 2627-2633 （2015）
Jakosky B. M., et al., Science 350, 6261 （2015）
Kruijer T. S. et al., PNAS 114, 6712-6716 （2017）
Kurokawa H. et al., Icarus 299, 443-459 （2017）
Schaefer L. and Fegley Jr. B., Icarus 208, 438-448 （2010）
Morrison D. and Owen T., The Planetary System, Addison-Wesley （1988）
Önehag A. et al., Aston. Astrophys. 528, A85 （2011）
東京工業大学プレスリリース（2017）: https://www.titech.ac.jp/news/2017/039129.html

〈第10章〉
Binzel R. P., Science 262, 1541-1543 （1993）
Bland, P. A. et al., Mon. Not. R. Astron. Soc., 283, 551-565 （1996）
Love S. G. and Brownlee D. E., Science 262, 550-553 （1993）
Nakamura T. et al., Science 333, 1113-1116 （2011）
Pepin R. O., Nature 317, 473-473 （1985）
Tachibana S. et al., Geochemical Journal 48, 571-587 （2014）
Yada T. et al., Earth Planets Space 56, 67-79 （2004）
The Meteoritical Society隕石データベース: https://www.lpi.usra.edu/meteor/

〈第11章〉
Baker J. et al., Nature 436, 1127-1131 （2005）
Connell J. N. et al., Astrophys. J. Lett. 675, L121-L124 （2008）
Fujiya W. et al., Nature Communications 3, Article number: 627 （2012）
Kleine T. et al., Nature 418, 952-955 （2002）
Kruijer T. S. et al., PNAS 114, 6712-6716 （2017）
Pascucci I. and Tachibana S., Protoplanetary Dust: Astrophysical and Cosmochemical Perspectives,
eds.: D. Apai, D. S. Lauretta, Cambridge University Press, p. 263-298 （2010）
Schersten A. et al., Earth and Planetary Science Letters 241,530-542 （2006）
Srinivasan G. et al., Science 317, 345-437 （2007）
Terada K. and Bischoff A. Astrophys. J. Lett. 699, L68-L71 （2009）
Trieloff M. et al., Nature 422, 502-506 （2003）

〈第12章〉
Alvarez L. W. et al., Science 208, 1095-1108 （1980）
Avice G. and Marty B., Phil. Trans. R. Soc. A, 372 20130260; DOI: 10.1098/rsta.2013.0260. （2014）
Bowring S. A. and Williams I. S., Contributions to Mineralogy and Petrology 134, 3-16 （1999）
Dodd M. S. et al., Nature volume 543, 60-64 （2017）
Hoffman P. F. et al., Science 281, 1342-1346 （1998）

Komiya T. et al., Nature 549, 516-518 （2017）

Mojzsis S. J. et al., Nature 384, 55-59 （1996）

Onoue T. et al., Scientific Reports 6, Article number: 29609 （2016）

Kleine T. et al., Nature 418, 952-955 （2002）

Sato H. et al., Nature Communications 4, Article number: 2455 （2013）

Schulte P. et al., Science 327, 1214-1218 （2010）

Tarduno J. A. et al., Nature 446,657-660 （2007）

Wilde S. A. et al., Nature 409, 175-178 （2001）

Yin Q. et al., Nature 418, 949-952 （2002）

〈第13章〉

Mastrobuono-Battisti A. et al., Nature 520, 212-215 （2015）

Gomes R. et al.. Nature 435, 466-469 （2005）

Hartmann W. K. and Davis D. R., Icarus 24, 504-514 （1975）

Hiesinger H. et al., LPSC 1391, p1269 （2008）

Ida S. et al., Nature 389, 353-357 （1997）

Kahn P. G. K. and Pompea S. M., Nature 275, 606-611 （1978）

Kokubo E. et al., Icarus, 148, 419-436 （2000）

Roberts J. H. et al., Journal of Geophysical Research 114, E04009 （2009）

Rufu R. et al., Nature Geoscience 10, 89-94 （2017）

Yin Q. et al., Nature 418, 949-952 （2002）

Strom R. G. et al., Science 309, 1847-1850 （2005）

Terada K. et al., Nature 450, 849-852 （2017）

Terada K. et al., Nature Astronomy 1, Article number: 0026 （2017）

〈第14章〉

Gillon M. et al., Nature 542, 456-460 （2017）

Kalas P. et al., Nature 435, 1067-1070 （2005）

Kokubo E. and Ida S., Astrophys. J. 581, 666-680 （2002）

Mayor M. and Quetoz D., Nature 378, 355-359 （1995）

Sumi T. et al., Nature 473, 349-352 （2011）

Woolf N. and Angel R., Annual Review of Astronomy and Astrophysics 36, 507-537 （1998）

系外惑星のデータベース：http://exoplanet.eu/catalog/

京都大学・系外惑星のデータベース：http://www.exoplanetkyoto.org

索引

國家圖書館出版品預行編目（CIP）資料

圖解宇宙地球科學：我們即將飛向太空，穿越空間與時間，
認識孕育萬物的浩瀚宇宙！／寺田健太郎著；蔡婷朱譯. --
初版. -- 臺中市：晨星出版有限公司，2023.01
　　面；　　公分 . --（知的！；202）

譯自：絵でわかる宇宙地球科学

ISBN 978-626-320-292-4（平裝）

1.CST: 宇宙　2.CST: 天文學

323.9　　　　　　　　　　　　　　　　　　111017888

知的！ 202	圖解宇宙地球科學

圖解宇宙地球科學
我們即將飛向太空，穿越空間與時間，
認識孕育萬物的浩瀚宇宙！
絵でわかる宇宙地球科学

填回函，送 Ecoupon

作者	寺田健太郎
內文插畫	中村知史＋山本悠
譯者	蔡婷朱
編輯	吳雨書
封面設計	ivy_design
美術設計	黃偵瑜
創辦人	陳銘民
發行所	晨星出版有限公司 407台中市西屯區工業30路1號1樓 TEL：（04）23595820　FAX：（04）23550581 E-mail:service@morningstar.com.tw http://www.morningstar.com.tw 行政院新聞局局版台業字第2500號
法律顧問	陳思成律師
初版	西元2023年01月15日　初版1刷
讀者服務專線	TEL：（02）23672044 /（04）23595819#212
讀者傳真專線	FAX：（02）23635741 /（04）23595493
讀者專用信箱	service@morningstar.com.tw
網路書店	http://www.morningstar.com.tw
郵政劃撥	15060393（知己圖書股份有限公司）
印刷	上好印刷股份有限公司

定價450元
（缺頁或破損的書，請寄回更換）
版權所有・翻印必究

ISBN 978-626-320-292-4
《E DE WAKARU UCHUU CHIKYUU KAGAKU》
© KENTARO TERADA 2018
All rights reserved.
Original Japanese edition published by KODANSHA LTD.
Traditional Chinese publishing rights arranged with KODANSHA LTD.
through Future View Technology Ltd.
本書由日本講談社正式授權，版權所有，未經日本講談社書面同意，
不得以任何方式作全面或局部翻印、仿製或轉載。